POWERPOINT
FOR
PROJECT
PROPOSAL

「伝わる資料」
PowerPoint
企画書デザイン

渡辺克之［著］
Katsuyuki Watanabe

JN217332

ソーテック社

はじめに

最善のテクニックを選び、的確に使って
「伝わる企画書」にする。

少し斜に構えれば、企画書を作るのは、プランナーや作家、マーケッターといった一部の人たちのものと考えがちです。しかし、自分の考えを表す文書という基本に照らせば、社会人であれ学生であれ、企画書は誰もが作るものです。お客様への提案。社内の打ち合わせ。上司への計画説明。いずれも「自分の考えを表す」企画書を介してコミュニケーションを取っています。企画を考えることは誰にでもできますが、重要なのは、誰が見てもわかる文書のかたちにまとめること。せっかくのグッドアイデアも、相手に伝わらなければ無用の長物です。

例えば、アイデアを披露した結果、「アイデアがありきたりだ」「費用がかかり過ぎ」といった評価をもらっても諦めがつきます。意図が相手に伝わっているのですから、企画の内容をチェックして修正することで「次」に進めます。厄介なのは、いいともダメとも言われず、「何を言っているかわからない…」と評価されることです。主旨が伝わらず、相手が良し悪しの判断を下せない状況です。

そうならないためには、主旨を適切に表現するテクニックが必要です。メッセージを効果的に見せる見せ方や「こう見せれば、こう感じてくれる」といったルールのようなものです。フォントの選び方、段落の作り方、図形の形状、写真やグラフの配置など、レイアウトの仕方によって見え方は違ったものになります。大切なのは、それぞれの要素の役割を意識しつつ、メッセージを伝えるのに最善のテクニックを選び、的確に使うことです。

企画書にはいろいろなかたちがあり、さまざまな見せ方があります。カッコいい企画書を作ろうと思ってはいけません。1枚であれページものであれ、読みやすく、わかりやすく作ることが、企画書づくりの第一歩です。そこでは、パワポで作った多くの作例に触れ、書き方のポイントを確認するのも効率的なスキルアップ法です。

本書は、作例とともに「伝わる企画書」につながるポイントを紹介しています。どのような視点で情報をまとめ、どのようなパワポの機能を使ってレイアウトすると効果的かを解説しています。ダウンロードできるサンプルファイルも用意していますので、実際に操作して作り方のコツを理解してください。本書で、企画書づくりのヒントを見つけていただければ大変うれしく思います。

2018年3月
著者しるす

CONTENTS

Appendix すぐに使える！PowerPoint
レイアウトパターン＆カバーデザイン集

Part 1

自分のアイデアを伝えたい。
パワポで企画書を作ってみよう！

企画書は「見せる」ものです。作り手は要点を簡潔にまとめ、読み手は目を通すだけでパッと感じる。そんな企画書が理想です。主旨は一言で伝わることはありません。多くを書いては敬遠されます。だから、相手に伝わるように情報をきちんとレイアウトしなければなりません。

企画書作りに最適なパワポを使いこなして、相手の心に届く企画書を作ってみましょう。

01 読む気が起きないのは、なんでだろう？

情報が多かったり、不明瞭だったり

　企画書はパッと見てわからなければ、理解する努力を放棄する人が少なくありません。それどころか、手に取ってもらえない可能性すらあります。そのような資料は、読む気が起きないつくりをしているからです。

　最も多い原因は、**情報の詰め込み過ぎ**です。たくさん説明すれば重厚に見える。グラフがあると、分析能力が評価される。さまざまな理由で、あれもこれも書きたくなるのが作り手の心理ですが、少しでも苦労することなく内容を把握したいのが読み手の心情です。作り手の労に反比例して、多くの文章は読まれていないのです。

　また、企画書の体をなしていても、「何が言いたいかがわからない」ものもあります。

　説明や図式の1つひとつは理解できても、それを通して**結論が浮かび上がらない**パターンです。既視感のあるタイトル、冗長な説得、分析だけのグラフ。伝えたいポイントが絞り切られておらず、体裁を取り繕っただけの資料と言えるでしょう。

興味を引く「見せる企画書」に

　情報を詰め込み過ぎたり、結論がハッキリしていない企画書は、読む気が起きません。興味がわかないからです。逆に言えば、読み手の**興味を引くようなつくり**にすれば、読んでもらえる確率は高まります。

　文章を簡潔にすることは、読みやすくして興味を持たせる最低限の文章作法です。箇条書きにしたり行間を広げることも考えられます。キャッチコピーで「おやっ！」と思わせたり、図解で直感的に見せたり、写真で主旨の意味合いを強めたりと、いろいろな方法が考えられます。

　企画書は短時間で内容を紹介し、実現できるイメージを伝えなければなりません。まずは魅力的に思わせたいのが本音です。それには、「見せる」部分が必要になります。**見せる企画書**とは、図式化したりビジュアル化した企画書と言えます。

　ビジュアル化した企画書は、シンプルですから何を言いたいのかが「一目でわかる」ようになります。

　その結果、主旨が理解しやすくなりますので、プレゼンの成功率は上がります。

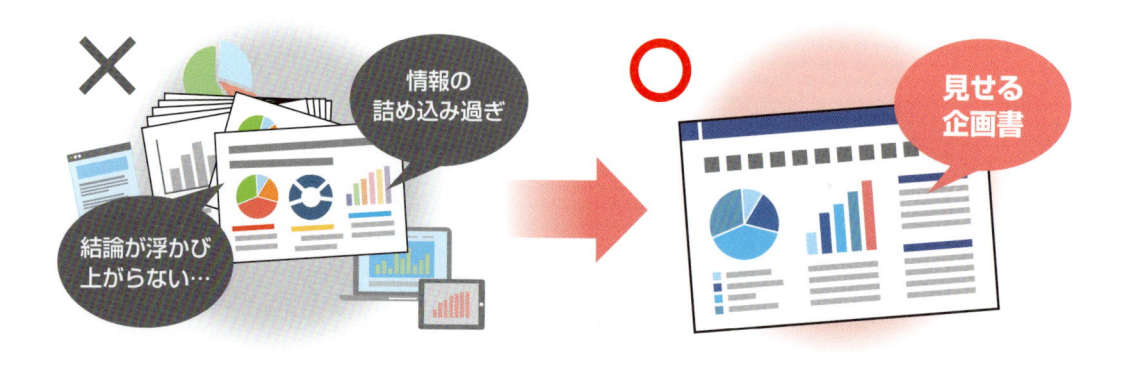

02 作る目的を ハッキリさせておこう！

目的を明確にする

　慣れない人にとって、企画書は一朝一夕で作れません。何から始めていいかわからない人もいるでしょう。まずは、**企画書を作る目的**をハッキリさせてみましょう。

　企画書は実行できるアイデアを提案し、そのための予算を得る決裁をもらうためのものです。相手が動いてくれることを期待して、相手に伝えたいことを1つひとつ丁寧に整理していけば、目的が明確になっていきます。どんな企画書を作るかイメージできていない人や、「わからない企画書」になってしまう人は、目的が明確になっていないのです。

　目的は、**5W1H**で考えてみるのもいいでしょう。文章を構成するときに基本的な要素として用いられる5W1Hは、企画書の内容を整理する場合にも有効です。

　「企画の対象者は？」「企画の理由は？」など、企画書の各項目を確認し、漏れやダブリのチェックを行うのに役立ちます。

　実務の分野では、金銭的な要素などを加えた**5W2H**や、対象相手を明確にする**6W2H**とするとらえ方もあります。

Who	だれが（主体）
What	何を、何で（客体、対象）
When	いつ（時間）
Where	どこで（場所）
Why	なぜ（理由、根拠）
How to	いかに、どうやって（方法、手段）
How much	いくらで（予算）
Whom	だれに（相手）

適度にビジュアル化する

　目的をハッキリさせたら、今度はそれをどのように表現するかの作業に入ります。「自分の考えが正しくかたちになっているか」「これで相手に伝わるか」などを自問自答しながら、全体の構成を吟味していきます。企画書を作り始める前には、頭の中で完成のイメージが出来上がっているのが理想です。

　そして、文章や図といった情報要素を配置するのが**レイアウト**です。レイアウトは要素の選択と配置、大きさや強さ、位置や距離、色などの調整でいろいろな意味を持たせることができます。きちんとレイアウトすれば、秩序と流れが生まれてメッセージが伝わりやすくなります。

　同じ構成や同じ方向性でも、要素の選び方と使い方、紙面の作り方によって、レイアウトによる見え方はまったく違ったものになります。大切なのは、それぞれの役割を意識しつつ、メッセージを伝えるのに最善のテクニックを選び、的確に使うことです。

　レイアウトは適度に**ビジュアル化**しましょう。ビジュアル化した企画書はシンプルですから、何を言いたいかがひと目でわかるようになり、誰もがわかりやすいと感じてくれます。

03 淀みなく流れる ストーリーを作ろう！

結論につながる話の流れを作る

企画書を作る目的を確認し、メッセージにすべきことが整理できたら、メッセージを乗せる**ストーリー**を決めましょう。ストーリーとは、A、Bといった要素を1つのまとまりあるCに結び付ける話の流れです。

背景やコンセプト、対策や計画といった情報をつなぎ合わせて、論理的な主旨の流れを作ります。各項目ではそれぞれの主旨をハッキリさせ、次の項目に視線を誘導するレイアウトを作ります。

ストーリーは起承転結ではありませんので、ムダな話は要りません。また、何となく必要そうな要素を並べただけでは、薄っぺらい印象になってしまいます。語られる1つひとつの要素が、すべて結論につながるようにしっかり組み立てましょう。そうすることで、読み手が納得する淀みのない流れが生まれます。

流れるストーリーは全体が見える

ストーリーがきちんと流れていれば、「何を言っているかわからない」と言われることはありませんし、自ずと全体像が見える企画書になっていくはずです。

ストーリーを作らずに、企画書の見栄えだけを整えても、読み手は「ウンウン」とうなずいてはくれません。内容を読まなければ作り手の意図はつかめませんが、淀みなく流れてストレスを感じないストーリーがあれば、読み手の理解しようとする意欲を引き出してくれることは間違いありません。

どこに何を置き、どんな結論に導くか？　読む順番を明示的に示すことで、自然と読み手をストーリーの中に誘い入れることができます。流れが違和感なく理解できれば、わかりやすい企画書に仕上がっていると言えるでしょう。

図形で強制的な流れを作る

自分が意図した通りに読み進めてもらえれば、主旨をわかってもらえる確率が格段にアップします。自然な視線の動きのZ型でレイアウトすれば、読み手は負担なく内容を追いかけられますが（22ページを参照）、「次はこっちを読んで欲しい」と思うならば、方向を明示する必要があります。意図的に視線の流れを作るには、矢印や三角形のような方向を表す図形を使います。

具体的には、使用する情報要素をざっくり配置したら、まず全体の大きな流れを作り、次に個々の情報の関係性を表す小さな流れを作るのです。この二段構えで流れを考えると、論理的なほころびを見つけやすくなり、読み手が納得しやすいストーリー作りが磨かれます。

シンプルで
わかりやすいと好まれる！

字数を減らして文節を短くする

「読んでみよう」と思わせ、内容をスピーディーに理解してもらうには、どうすればいいでしょうか？

それは、脂肪を削ぎ落した必要最低限の情報だけを入れることです。つまり、**シンプルにする**ことです。

シンプルとは、簡潔であってムダがないこと。誰にでもできるのが、文章の字数を減らして文節を短くすることです。修飾語を外し、冗長な表現をやめ、**一文一意**を原則にします。

一文一意は1つの文に1つの意味を持たせることですから、誤読がなくなります。主語と述語が合わないとか、前と後ろで内容に矛盾が生じることがなくなります。どうしても一文が長くなるようなら、2つ以上の文に分けて表わすのも一つの手です。ムダがなくなった文章は、文意が明確になります。

見せる工夫で紙面をシンプルに

文章を簡潔にしても、紙面を**見せる工夫**は必要です。見せる工夫とは、文章表現に固執しない作り方で、情報の図式化と言い換えてもいいでしょう。

情報の図式化は紙面をシンプルにする作業です。シンプルな紙面は、余分な情報がないためにメッセージがつかみやすく、何を言いたいのかが「ひと目でわかる」ようになります。

シンプルにする作業は、クリエイティブデザインではありません。「情報をまとめる」「見出しを付ける」「視線を誘導する」といった、基本にのっとった表現をするだけのことです。

シンプルな文章と紙面を作る

長い文節より箇条書き。数値の列挙よりグラフ。流麗な文章より実際の写真や図解。そして、紙面を埋める情報を減らしつつ、論理的な流れが表現されている。そんな紙面であれば、誰が見てもわかるはずです。

そのためには、残すものと削るものを行き来しながら吟味しなくてはなりません。情報を選りすぐり脂肪を削ぎ落とした先に見えるのが、シンプルな見え方です。伝わる企画書、通る企画書は、総じてシンプルなつくりになっているものです。

読み手にとって多過ぎる情報はノイズです。ノイズは主旨の理解を妨げ、思考を混乱させます。読み手を悩ませたり時間を取らせたりしないために、シンプルな文章とシンプルな紙面を作りましょう。

05 ページをめくって 企画を披露しよう！

ページ企画書を作る

　企画書は「このように書かないといけない」という決まりはありません。作り手が必要かつ最適と考える項目でページを構成してかまいません。一般には、数ページで構成する**ページ企画書**が多いようです。

　ページ企画書は、「現状把握➡方向性やコンセプト➡実施内容」という3ステップで作りましょう。現状がどうなっているかを見つめ、それを受けて解決の方向性を示し、肝心の具体的な実施プランを提案する展開です。オーソドックスですが、ストーリーに乗せやすい基本パターンです。

　目安の文字量に達しないページは他のページに吸収させ、情報が多くて溢れてしまうときは2ページに分けるなどして、各ページの要旨をブラッシュアップしていきましょう。

●企画書の構成項目

前付け	表紙	タイトル	目次	はじめに		
企画の必要性 （意図・意義）	現状	背景	課題	目的		
企画の全体像 （テーマ・解決策）	方針	コンセプト	概要	内容		
企画の内容 （手段・要件）	具体案	実施プラン	効果予測	結果	スケジュール	予算
後付け	実施課題	おわりに	提出スタッフ			

構成項目は柔軟に考える

　上の表は、企画書を構成する基本的な項目です。これらは必ず入れるべきものではありません。すでに企画の方向性が決まっているプレゼンならば、「背景」を省略できますし、「具体案」にページ数を割いてもいいでしょう。企画の目的や提案する実情に合わせて、取捨選択してください。

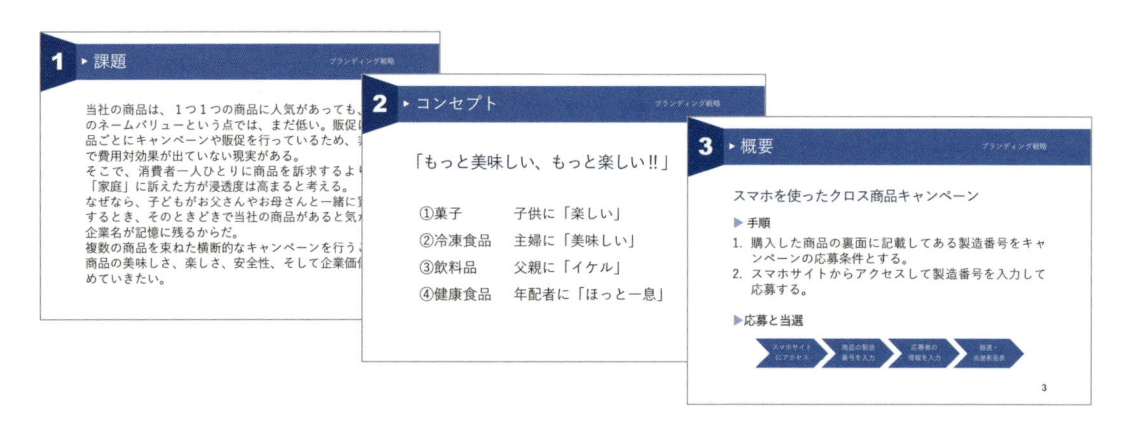

06 A4×1枚で言いたいことを完結させよう！

▶ メリットが多いA4×1枚企画書

　企画書は、文字量が少なく内容がパッと目に入ってくるものが好まれます。つまり、シンプルでビジュアル化された企画書です。その究極のかたちが**A4×1枚企画書**です。

　A4×1枚企画書のメリットはたくさんあります。「A4サイズ」というさほど視線を動かさないスペースの中ですべてが完結しますので、読み手は主旨が論理的かどうかも含め、内容を評価するのに多くの時間はかかりません。主旨が単純明快になり、読む時間が短くなります。

　作り手にとってもメリットがあります。1枚ですから論旨の矛盾はすぐに見つかります。何度も推敲を重ねることでムダのない文章になり、不要な情報が除かれ、吟味された表現は図解へと向かいます。結局、言いたいことが明確に整理されるのです。作り方に慣れてくれば、要領を得た表現力が身に付くことでしょう。

▶ 思考を絞り出したシンプルな1枚

　1枚企画書とページ企画書の違いは、基本的に体裁だけです。ページ企画書で展開する「現状」「コンセプト」「具体案」…といった数ページが、1枚に収まるだけです。ただし、限られたスペースに多くを詰め込むため、情報を吟味しないといけません。

　1枚だと、「手を抜いていると思われないか？」「伝えることが少なくないか？」と気にする人がいます。しかし、「1枚の方がラク」という方もいます。自分が気にするほど、他人は気にしていないのも事実です。

　何より忙しい上司やお客様を思うと、合計20ページと1枚の企画書ではどちらが嬉しいでしょうか。それが "シンプルな1枚" であるのは、言うまでもありません。

　思考を絞り出したシンプルなA4×1枚企画書は、気心の知れた同僚や上司、親しくしているお客様には、「見せる企画書」として共感してもらえるはずです。

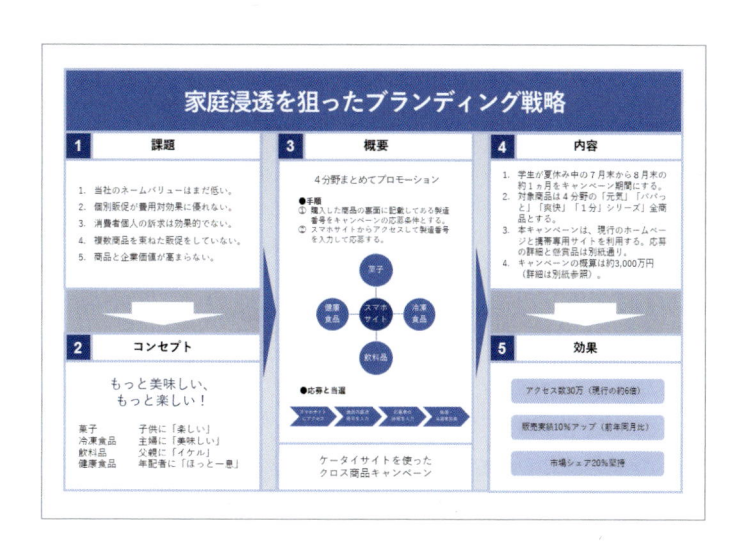

07 「伝わる」「通る」企画書に仕上げよう！

＞相手を動かすことがゴールだ

　よい企画だからといって、必ず「通る」わけではありません。自分の考えをきちんと企画書に表し、内容が正しく相手に伝わり、その上で「よし、やってみよう」と思ってもらえなければ、企画は通りません。

　そんな相手を振り向かせるには、自分が言いたいことではなく、**相手が動きたいと思う理由を書く**ことです。提案する内容によって理由は異なりますが、特に行動するメリットを積極的に提示すれば、少なくとも読み手は「何か変わりそうだな」と思ってくれます。

　自分の言いたいことだけを熱弁しても、相手は動いてくれません。相手が動きたくなるようなメッセージを作り、「もっと話を聞きたい」「ぜひやってみたい」と思わせるようにしましょう。

＞よい企画書にするためのポイント

　自分の考えを「早く」「正しく」伝えるためには、わかりやすい企画書でなければなりません。

　よい企画書にするためには、特に以下のポイントを押さえておくことをオススメします。

●読み手の立場に立って書く

「自分はこう思う」と主張するだけの企画書に魅力はありません。企画書は、相手の立場になって書かれたものでなくてはなりません。「イイね」と思わせるには、相手に役立つ内容を書くことです。当たり前ですが、案外忘れがちな点です。

●重要なことほど先に書く

順序立てて論理を展開することは大切ですが、忙しい決裁者に何行にも渡る文章を読ませて結論にたどり着かせるのは酷です。できるだけ重要なことを先に書くようにしましょう。読み手が早々に企画の方向性を感じ取ることができ、内容の理解が早まります。

●ビジュアル化する

企画書は読みやすくわかりやすくした上で、興味を持ってくれる資料に仕上げる必要があります。図解を中心にした「見せる企画書」は、内包する情報を視覚で表せるので、内容がスッと頭に入ってきます。できるだけビジュアル化して、直感的な資料にしましょう。

●返事ができる材料を入れる

「返事がもらえない」「いいのか悪いのかもわからない」のは、相手が返事できるだけの〝材料〟を提供していないからです。「この企画を実行すれば、こんなメリットがある」ことをハッキリ伝えましょう。また、企画を実行する費用も意思決定を大きく左右します。プレゼンでは概算金額でかまわないので、「合計〇〇〇円」と1行入っているだけで決裁しやすくなります。

Part 2

きれいにレイアウトしたい。「流れ」を意識して配置してみよう！

1枚企画書でもページ企画書でも、全体が見えるように構成されている紙面は、わかりやすいものです。全体が見えるということは、「どんな情報要素が入っていて、何を言おうとしているか」が、スムーズに感じ取られることです。それには論旨の流れを明確にして、自然と目で追いたくなるような、淀みのない流れるストーリーを作ることが大事になります。

08 見出しだけで中身がわかるようにしよう！

一枚企画書

キーワード
見出し

いくつかの<mark>見出し</mark>を拾い読むだけで企画の全体像がわかれば、読み手はラクです。「見出しだけでも読んでみるか」と読む努力のハードルが低くなって、心理的に取り組みやすくなります。消極的な読み手を誘うなら、見出しを用意するに限ります。

A ブロックごとに見出しを入れる

見出しを読むだけで全体の内容が想像できます。矢印ブロックで流れるストーリーは、見出しだけで展開のイメージも読めるようになり、企画書の主旨が短時間でスムーズに理解してもらえます。

Comics & Illustration

《クリエイターズ支援サイトの構築》

新人クリエイターを発掘・育成し、企業と橋渡しする仕組みをつくる

マンガやイラストを描く若いクリエイターには、作品を発表する場所がありません。ネットで個々に活動するよりも、一ヵ所に情報を束ねてアピールする方が効率的です。人材と作品を管理して企業との橋渡しを行うクリエイターズ支援サイト『ハイセンス・ギルド』を構築します。

作者は最新の作品を披露する

本サイトに所属するクリエイターには、営業用のコンテンツを随時提供してもらいます。
マンガは10ページ以内の作品を1つ以上、イラストはタッチの異なる10作品を用意し、名前、タイトル、コメントなど7つの情報と一緒にWebにアップします。作品は3カ月ごとに更新し、常に最新の作風、傾向、技術を披露することとし、クオリティを高めます。

閲覧者は作品の特長がわかる

Web上では作品ごとに細かくカテゴライズされており、作風やタッチ、作者の特長や実績がすぐに把握できます。企業の制作担当者にとっては、発注したい案件のテイストに合致した作者を容易に探し出せます。
作者とその作品の適した用途、発注金額の目安、著作権などを含めた利用ガイドをオープンにして煩わしい制作発注を軽減できます。

クリエイターの営業・宣伝を代行

＋

企業の制作担当者の発注先を提供

＝

クリエイターズ支援サイト
『ハイセンス・ギルド』

B できるだけ一文を短く言い切る

簡単な図解ほど一文を極力短くしておくと、内容がつかみやすくなります。簡潔に言い表す短い一文を絞り出し、簡単な図と組み合わせるだけでも、読み手の内容の理解が進みます。

見出しを入れて、「読んでみたい」と思わせる！

見出しがあると、わかった気分に

見出しづくりとは、「内容を一言で言うと……」の文言を書き出す作業です。**文脈にふさわしいキーワード**をサッと抜き出し、目の前に差し出してあげましょう。見出しを読むだけでもわかった気分になるものです。

見出しの付け方に決まりはありませんが、文章の意図を表すキーワードを入れて要約するのが一般的です。カジュアルなプレゼンならば、**キャッチコピー**を作って印象的なつくりにする手もあります。

図解とグラフにも見出しが欲しい

丁寧に説明しようとするほど、文章は増えてしまうもの。これを避けるにはキーワードを作ったり、短い言葉で言い切るのがよい方法です。作例の右側にある「○○＋○○＝○○」という図解は、二人の主役のメリットを端的に言い切り、新サイト構築の解へと導いています。

また、**図解やグラフにも見出しは必要です**。適切な文言で表現されていれば、読み手にとってスムーズな理解を促し、強い印象を与えられます。「電子決済の仕組み」「過去3年間の推移」といった差し障りのない見出し（タイトル）より、「スマホを使った新しい口座決済の仕組み」「3年で製造原価は5分の1に」といった見出しのほうが、具体的で意図がつかみやすくなるのは当然です。

一方で、作り手にとっても「この文章（図解）は何を言おうとしているのか」と考えを自問自答することができ、内容の整理とブラッシュアップが行えます。このように文章などに見出しを付ける作業は、読み手と作り手の双方にメリットがあります。

✕ 見出しがないと、せっせと読んで理解しなければいけない。消極的な読み手は、読むことを放棄する場合もある…

✕ 深みがなくてつまらない見出しは、情報の品質を貶める…

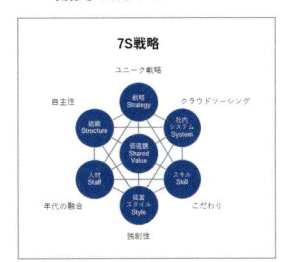

◯ 具体的な見出しにすると、図解の理解を助けてくれる！

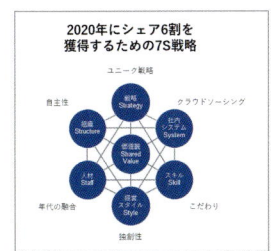

✕ 陳腐なグラフタイトルからは、正しい意図が見えてこない…

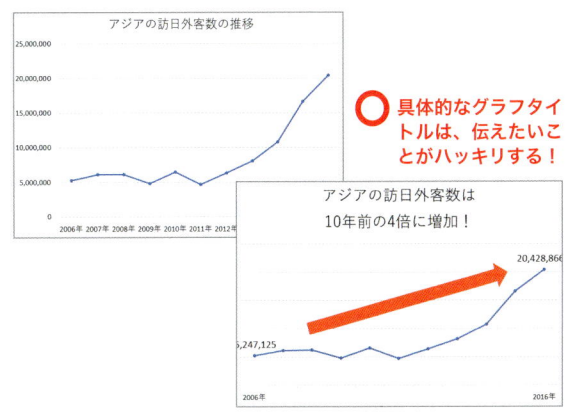

◯ 具体的なグラフタイトルは、伝えたいことがハッキリする！

興味を引く
表紙タイトルを用意しよう！

キーワード
表紙タイトル

企画書を作る過程で案外雑に扱っているのが、<mark>表紙タイトル</mark>ではないでしょうか？　表紙タイトル
は読み手が最初に目にする部分です。上手い表紙タイトルを作れば、興味を抱かせ、ページをめく
らせ、内容を読んでもらえます。勝負は表紙から始まっているのです。

A

選び抜いた言葉で心をつかむ

この企画は「旅行者が選べる」「体験できる」ツ
アーであることがウリです。ひねり過ぎず、的
確に言い表した文言を選びましょう。パッと目
に飛び込んで来る感じがしたらグッドです。

新しい海外旅行の企画書

旅行者が自由に選べる
体験型の３泊４日ツアー

2018年3月12日

株式会社ジェイビーエス
商品開発部

B

企画のテーマを控えめに入れる

「○○企画書」や「○○のご提案」、「○○につい
て」といった言葉は、テーマを言い表している
だけ。興味が持てる表紙タイトルではありま
せんが、どうしても入れておきたいという場
合は、控えめに入れておきましょう。

読み手の心をつかむ、魅力的なタイトルをひねり出す！

┈┈▷ タイトルは具体的でわかりやすく

表紙タイトルは、内容を代弁する具体的でわかりやすい言葉を使いましょう。

例えば、「新しい海外旅行ツアー」と書くより、「旅行者が自由に選べる体験型の3泊4日ツアー」とするほうが、特長と利点が一発で想像できます。読み手は内容が直感でき期待が膨らみますから、自然と次のページをめくるようになります。

タイトル文字は、<mark>メイリオやHGS創英角ゴシック</mark>といったフォントが便利ですが、文字を変形させるとインパクトが出て存在感が出てきます。

よい表紙タイトルの要素

❶ **具体的である**
言いたいことを短く言い切ります。
抽象的な言葉や遊びの言葉はダメです。

❷ **わかりやすい**
誰でもわかるやさしい言葉にします。
専門用語や陳腐な決まり文句は避けます。

❸ **大言壮語でない**
内容にそぐわない言葉や、極端に利益を誘導する言葉を使ってはいけません。

┈┈▷ 鼻につくタイトルは避けよう

表紙タイトルは、読み手が最初に目にする場所ですから「期待感を持たせる」のが役割です。一瞬で心をつかむ言葉、**きちんと伝わる言葉**を選びましょう。ただし、読み手の立場や企画の方向が確定していない場合は、違和感を感じたり、軽いアイデアだと誤解されたりする可能性もあります。そんなときは、敢えて無難な表紙タイトルにしておくほうがいい場合もあります。状況によって判断しましょう。

▼ 考えている企画のイメージを訴えたい場合は、ビジュアルを入れる。適切な写真を使えば、強く興味がそそられる

新しい海外旅行の企画書
記憶に残るコト体験ツアー
2018年3月12日
株式会社ジェイピーエス
商品開発部

✕ 味も素っ気もない表紙タイトル。これではどんなテーマが書かれているのか、予想も期待もできない…

新しい海外旅行の企画書

⭕ 1行で言い切る場合は15文字以内で収める。キレがいい言葉は、パッと目に飛び込んで来る！

新しい海外旅行の企画書
記憶に残るコト体験ツアー

10 視線が自然に動くように レイアウトしよう！

一枚企画書

キーワード
Z型

私たちは文章を「左から右へ」「上から下へ」読むように習ってきましたので、読み手が最初に目を向けるのは左上です。したがって、ここを起点に**Z型**に視線を動かすように情報要素をレイアウトすれば、ストレスなく自然に読み進められるようになります。

A Z型のレイアウトで読みやすく

人の視線は左から右、上から下へ動くのが自然です。Z型の流れに沿って要素を配置してあるのでスムーズに読むことができます。項目番号や矢印がなくても、読む方向と各項の関係性が把握できるレイアウトです。

地元色を生かす大豆の事業化 — Activate the town

現状
- 農業の衰退
- 人口の減少
- 商業の縮小

方向性
- 加工食品の製造・販売
- 観光農園の開業・推進

地域資源を生かしたビジネス

目的
- 所得向上
- 雇用創出

六次産業化

農林漁業成長産業化ファンド
（A-FIVE）を利用

- 資金供給（資金融資）
- 敬遠支援（販路支援）

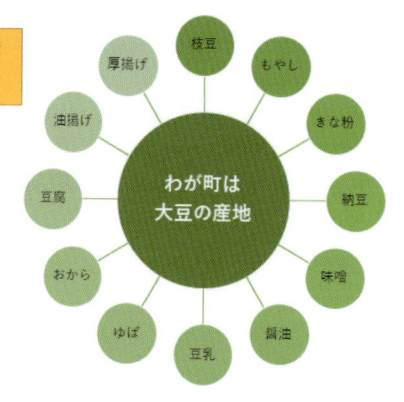

わが町は大豆の産地

厚揚げ / 枝豆 / もやし / きな粉 / 納豆 / 味噌 / 醤油 / 豆乳 / ゆば / おから / 豆腐 / 油揚げ

六次産業化・地産地消法、
農商工等連携促進法の認定

- 加工・販売施設の整備（融資）
- ブランディング・販路開拓（専門家のアドバイス）

商品の高付加価値化

B 本文は▼とキーワードで締める

文章は「○○です」といった悠長な説明を省くために体言止めを使っています。名詞で終わる文章は文字数が減り、回りくどさが消えて本題をダイレクトに伝えます。▼とキーワードを反復して使い、リズムを出しています。

自然に読ませるレイアウトは、中身が伝わりやすくなる！

Z型で自然な読みやすさを表現する

Z型は最もオーソドックスなレイアウトです。見出しに番号を振っていなくても矢印図形がなくても、自然に読み進められるやさしいレイアウトです。この基本的な視線の動きを理解して情報要素を配置すれば、頭にスッと入ってくるわかりやすい資料に仕上がります。

もちろん、企画の内容は矛盾のない論理を組み立てて、読み手の理解を促すリズミカルな紙面に仕上げてください。読みやすく感じたなら、読み手がストーリーの中に入り込めるレイアウトと言えます。

最終ブロックで変化を付けてもいい

本例は、本文を▼とキーワードで締めるパターンを反復しています。すべての項目で定型化したパターンが表れますので、読み手は読み進めるうちに安心感が出て、内容も理解しやすくなることでしょう。

そして、Z型レイアウトの**視線の行き着く先は右下**です。淡々と終わらせてもいいのですが、最終ブロックで変化を付けて印象的に感じさせるのもいいでしょう。紙面に変化があると、読み手の注意を刺激する効果も生まれます。

▼自然なZ型は、視線が無意識に先へ先へと進んでいく

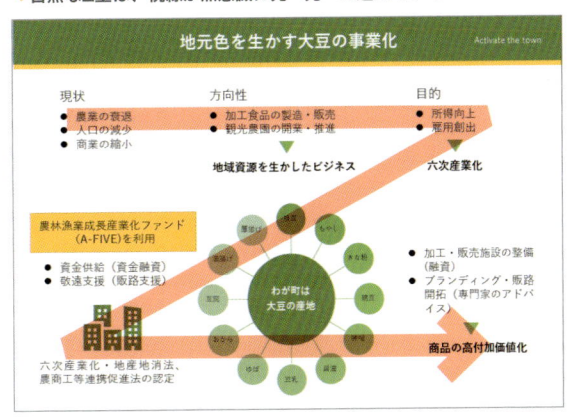

▼前述と同じパターンを反復すれば、安心感と安定感が出る

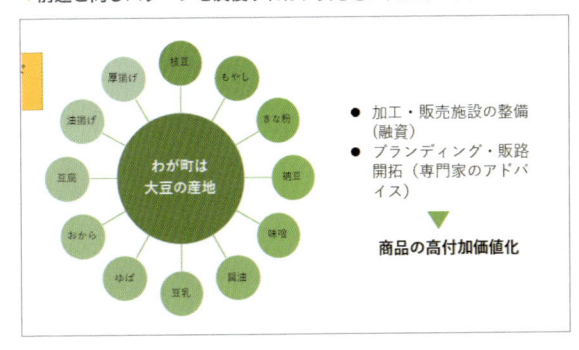

▼変化を付けて反復パターンを崩すと、印象的なレイアウトになる

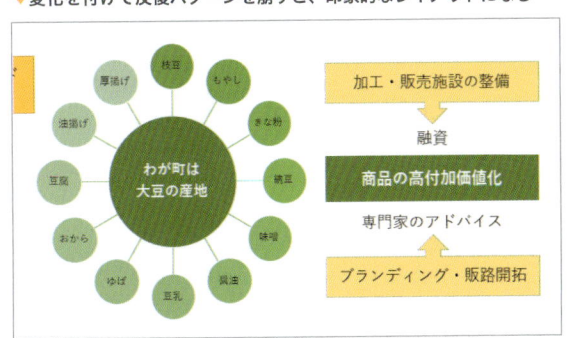

11 次に読んで欲しい箇所へ誘導しよう！

キーワード
誘導

紙面に刷り込んだストーリーは、読み手がなぞるように読んで（見て）もらうことで意図が伝わっていきます。それには「この順番で読んでください」と、わからせなければなりません。つまり、読む順番を**誘導**する視線の流れを作る必要があります。

A 2種類の矢印で構造と関係性を表す

大きな流れは三角形を使い、小さな要素間の流れはブロック矢印を使って流れを表しています。2種類の図形を使い分けることで、全体の構造や関係性、情報の違いが直感的につかめるようになります。

リピーターを増やす「おもてなし」改革

訪日外国人目標を倍増

政府が発表した訪日外国人観光客の目標人数は、東京オリンピック・パラリンピックが開催される2020年に4000万人、2030年に6000万人に設定しています。

当社のファンに

国内外から多くの来店者が押し寄せる機会は、当社のファンになっていただく絶好のチャンス。「また行きたい」と思う質の高いサービスを提供します。

本物の「おもてなし」

入店、席案内、注文、配膳、接客、レジの一連の流れの中で、本物の「おもてなし」を提供します。何度も足を運んでいただき、顧客満足度の向上と売上増加を図ります。

「おもてなし」＋感動＝再来店

余韻を残す感動体験

万人に受け入れられる良質な料理と、温かみのある最高のサービスで来店者をもてなします。訪日外国人を含む来店者は、感動という余韻で体験を記憶します。

快適なサービスで当社のファン化！

記憶に刺激されて、再来店していただく

意識改革3カ年プラン

従業員の意識を改革する3カ年プランに基づいた経営行動を実施します。

2020年売上倍増

B 囲みの中で流れを見せる

下段は、囲みブロックを使って要素をレイアウトしました。囲みブロックで"かたまり"が生まれると、その中で完結する情報と、周りを取り巻く情報との流れや関係性が自然と理解できるようになります。

三角形やブロック矢印で、読み手の視線を誘導する！

目立ちすぎない三角形などを使う

読む順番を誘導するには、**道路標識のような矢印で明示する**のがいいでしょう。使用する図形は二等辺三角形やブロック矢印が適当です。角度のある方向に視線が動きますが、角度を付けすぎると強制されるようで嫌味を感じ、色が濃いと図形の存在が目立ちすぎます。緩い角度で淡色の図形を矢印に使うのがおススメです。また、図形の枠線を外すと輪郭が強調されにくくなり、グラデーションを使うと色の変化でリズムが生まれます。適度な工夫で自然な視線の誘導を作りましょう。

囲みブロックで情報を区別できる

集中的に見てもらいたいときや、他のエリアと区別したいときに**囲みブロックは有効**です。情報にまとまりを持たせて分類したり、関係性を明確にできるメリットがあります。本例の下段は、角丸四角形の囲みブロックの中に小さな情報を配置し、それらの関係性を表現しています。なお、本例では上段から下段への流れは、四角形の吹き出しを使っています。下段の背景を塗りつぶしているので、下向きの三角形がくっきり表れて自然に視線が下段に誘導されます。

▼「五方向（ホームベース）」や「吹き出し」も使い勝手がいい

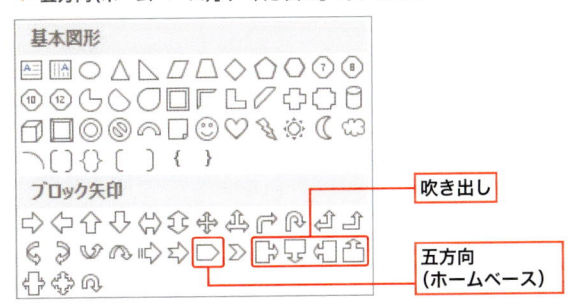

▼ 鋭角な図形や濃い色で塗りつぶしたり、影を付けた図形は存在が目立って、スムーズな視線移動ができない…

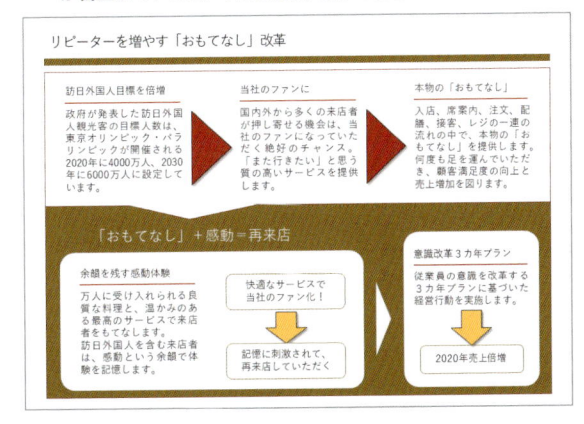

▼ ブロックでレイアウトすると、安定感が出て情報が明快になる！

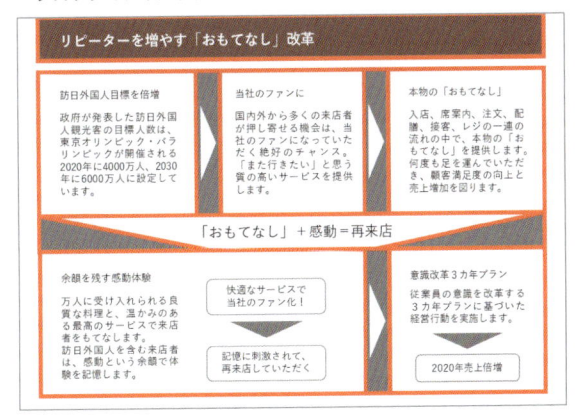

Part7 81 オリジナルな単一図形を作る ➡ 139ページ参照

12 まとまりを持たせて スッキリ見せよう！

キーワード
グループ化

ページがごちゃごちゃしていると、読み手は「どう読めばいいの？」と悩んでしまいます。似たような文言が並ぶと、くどさを感じてしまいます。情報を**グループ化**してまとまりを持たせると、情報が整理されメッセージが明確になります。

A 課題は「現場」と「管理者」に分けた

システム導入のページ企画書。導入前の課題は、利害当事者の「現場」と「管理者」を分けて記述しました。そうすることで、システム導入後にそれぞれの課題がどう解決されるのかが明確になります。

生産現場の業務改善ソリューション

導入前

課題

■現場
1. 紙日報の記入ミス
2. まとめ直し作業の煩雑さ
3. レポート作成の時間外負荷

■管理者
1. 現状の不透明さ
2. 実績把握のタイムラグ
3. 後手に回る問題対策

導入後

「見える化」

1. 電子帳票入力
2. 自動集計
3. リアルタイム報告

1. リアルタイム分析
2. 多彩なチャート表示

B 「見える化」というキーワードを抽出

「課題」に対し、「解決策」ではなく「見える化」というキーワードでまとめています。センスある適切なキーワードを拾い出して情報を括ることで、グループ内の1つひとつの言葉に多くの情報が加味されていきます。

似たもの同士をまとめて、メッセージをクリアにする！

要素を"まとまり"で見せる

情報を効果的にグループ化するには、どの要素を**まとまりとして見せる**かを考えなければなりません。当然、意味のあるまとめ方をすることが大切になります。言いたいことや属性で共通する内容が見つかれば、どんどんグループ化してみましょう。メッセージが単純に見えてきたら、上手くグループ化されている証拠です。

共通項を取り出すグループ化

グループ化は、同類の情報や関係のある情報をまとめ、その共通項を取り出すことです。その際、キーワードを名詞や体言止めにし、さらに文字数も揃えるようにしましょう。同じレベルの見出しでグループ化されていると、情報が整理されて**要素間の関係性がハッキリします。**
情報のグループ化は、情報に主従（階層）関係を付けた上で、罫線で囲んだり背景に色を付けて区分するといいでしょう。

グループ化の仕方

1 グループ分けする
同類の情報や関係のある項目、同じ属性の要素をまとめます。

2 共通項を取り出す
必要なものだけを残して、思い切って不要なものを捨てます。

3 見出しを付ける
残した情報に共通する文言や見出し、キーワードを作ります。

4 レイアウトする
関係の強い要素を近づけ、関係の弱いものは離して配置します。

✕ 状況と課題を箇条書きにしているが、すぐ読み取れる内容になっていない。説得力のない失敗パターンだ…

生産現場の業務改善ソリューション

■導入前
1. 紙の日報に記入　→　製番確認が面倒で記入漏れが起きる。
2. Excelシートに入力　→　社内システムからまとめ直しする。
3. 計算・集計作業　→　期間データとの紐付けが厄介だ。
4. レポート作成　→　就業時間外に作成する手間が発生する。
5. 5日後に管理者へ提出　→　実績把握にタイムラグが出る。

■導入後
1. 電子帳票に記入　→　時間と場所を気にせずに入力できる。
2. リアルタイム集計　→　生産状況が「見える化」される。
3. リアルタイム報告　→　管理者はいつでも対策が立てられる。

▼「見える化」で期待される効果を言葉にしてグループ化してみた

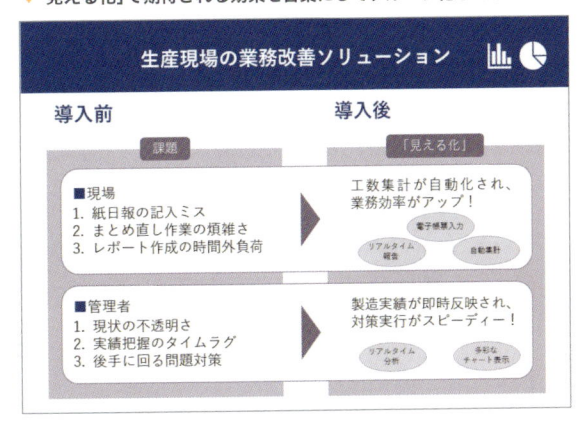

13 罫線を使って情報にメリハリを付けよう！

情報を左から右へ、上から下へ並べるだけでは、雑多な印象から抜け出せません。これは1つひとつの情報の意味が明確になっていないからです。情報にメリハリを付ける簡単な方法は、**罫線**を使って区別することです。

A 横罫線1本でメリハリが出る

見出しと箇条書きの間に横罫線を引きました。たったこれだけで、箇条書きを代弁する見出しが際立ちます。フォントの種類とサイズは同じでも、罫線1本が情報を区別し、メリハリを付けてくれます。

ドタキャンをサービス化する

不都合な背景
- インバウンドの急増
- 「とりあえず予約」客の増加
- 天候や台風の影響、交通事情

しかし、店の評判とお客様心情に考慮して『**キャンセル料を頂かない**』

どうしようもない！

- 突然のキャンセル
- 無断でキャンセル

空席の発生

- 売上の減少
- 食材のムダ

空席を買い取り、販売する

SNSをメインにしたネットサービス会社と提携し、登録会員に通知して席を予約できる新サービス

問題の解決
- 空席が埋まる
- 食材がムダにならない
- 売上減を止められる

特長
- 予約が取りにくい人気店
- 京都府内100店と契約

B 囲み枠で情報を整理した

上段の背景と理由を経て、企画の概要を下段に集結させました。囲み罫によって、見出しと内容、問題の解決とサービスの特長といった項目が際立ち、情報の関係性が読み取りやすくなります。

罫線1つで、散乱しがちな情報にまとまりができる！

罫線で情報を整理する

レイアウトの基本は、「まとめる」「区別する」といった情報の整理にあります。罫線を使って情報を区切ったり囲むだけで1つひとつの情報が際立ち、まとまりが出て、メリハリが付きます。本例のように見出しと本文の間に横罫線を1本引くだけでメリハリが付きます。
また、キーワードを囲み枠にして色を付けると、その言葉が強調されて言葉の意味合いが読み手に伝わるようになります。

罫線を使うと関係性が明確になる

罫線を引いたり囲んだりすると、ほかの項目と「どういう関係にあるか」という関係性を明確にできます。階層別に囲んだり、囲んだ情報を上下や左右に並べ、離したり近づけて、関係性の強さ、弱さ、区分といった意味を多様な見せ方で説明できるようになります。
罫線で囲む情報が流れに沿った適切なものかどうかを判断し、文字のサイズ変更や塗りつぶしを上手に組み合わせましょう。装飾し過ぎず、整理感を表すことがポイントです。

✘ 三角形で流れを作っても情報の重要性や位置付けが見えず、散乱した雑な印象しか残らない…

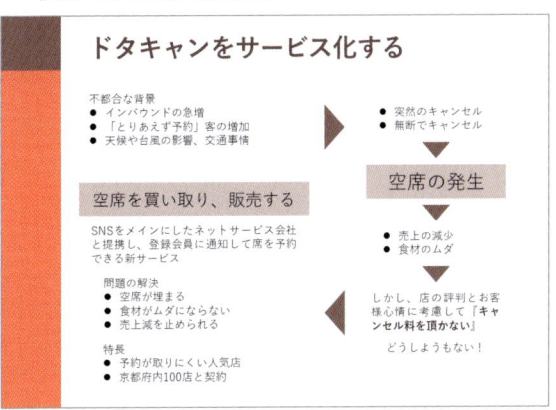

◯ 縦横の罫線をいくつか引いて、大切なキーワードを罫線で囲んだ。これだけで紙面は格段に見やすくなる！

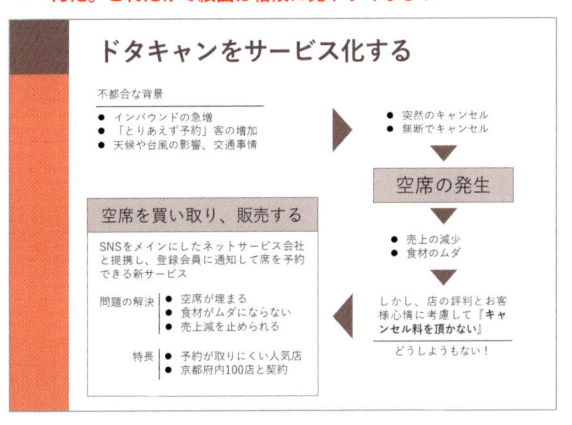

まっすぐな直線を引く

直線を引く際には、まっすぐに引いたたつもりでも少し曲がってしまうことがあります。そんなときは、[挿入]タブの[図]の[図形]から[直線]や[矢印]を選択したあと、Shift キーを押しながらドラッグすると、まっすぐな罫線(45度単位の直線)を引くことができます。

▼ Shift キー＋ドラッグで直線が引ける

不都合な背景
- インバウンドの急増
- 「とりあえず予約」客の増加
- 天候や台風の影響、交通事情

14 レイアウトに ルールを設けてみよう！

キーワード
ルール

見た目が「イイ感じ」と思わせる資料のレイアウトには、例外なく統一感があります。統一感があると、配置した情報要素が調和し、メッセージ性を感じるようになります。それには、自分なりの**ルール**を設けてレイアウトするようにします。

A 装飾をせずに文章を読ませる

本文と2つの小見出しの文字サイズは16ポイント、図解は18ポイントに統一しました。太字や色文字を敢えて使わずに、できるだけスッキリ読ませるようにしています。読み手は文章を読むことに集中できます。

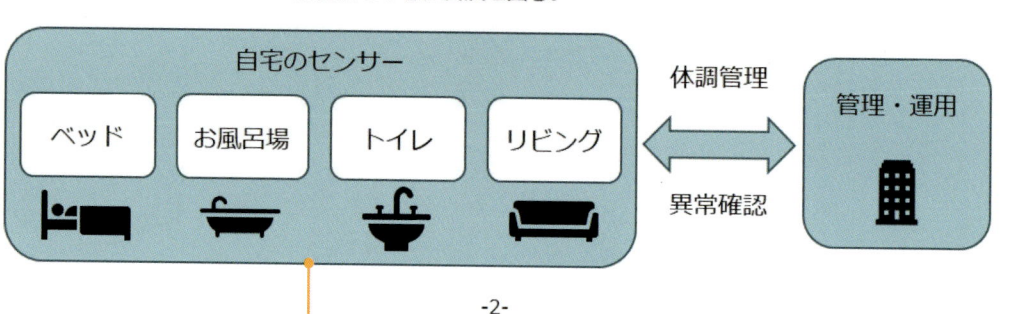

2. 概要　センサーで見守る安心と健康

介護事業参入企画書

新しい介護サービス
ベッド上にいる人の体重や体の位置、お風呂場での呼吸の状態、トイレの使用回数などの情報をリアルタイムで測定し、離れたモニターでわかるようにする。
高齢者や要介護人の体調や室内の異常を自動チェックし、先進のIoTサービスで家の安心と人の健康を守る。

体制と売上規模
電子部品メーカーA社のセンサー技術と、当社のデータ解析技術を組み合わせた新規事業とする。
2020年度に事業規模50億円を目指し、当社が納入している介護施設を中心に普及を図る。

自宅のセンサー

ベッド　お風呂場　トイレ　リビング

体調管理 ⇔ 異常確認

管理・運用

-2-

B やわらかい角丸図形がマッチする

上部の見出し部と下段の図解では、角が丸い四角形に統一しています。角丸四角形は「やわらかさ」「温かみ」を感じさせることができ、「介護」という事業企画にもマッチするので最適な図形と言えます。

レイアウトにルールがあると、バラバラ感がなくなる！

ルールがあると調和が取れる

統一感のあるレイアウトは、ルールを設けることで作れます。1枚企画書内でポイントになるキーワードが同じ図形でデザインされていたり、ページ企画書をめくったとき、見出しが同じ位置に同じ大きさで配置してみましょう。
読み手は安心して、気持ちよく視線を前に進めてくれることでしょう。

要素の調和が統一感を生む

階層レベルや意味が似ている文章ならば、文字のサイズ、フォント、文字量、書き出し位置を揃えます。同じ役割、同じ機能の図解ならば、形状、大きさ、位置、距離、高さ、色合いを揃えます。**情報要素の調和が取れると、統一感のあるレイアウト**になっていきます。
例えば、次のようなルールを設けて、統一感のあるビジュアルにしてみましょう。

✕ いろいろな種類の図形を使うと、まとまりがなく調和が取れない。落ち着きのないレイアウトは敬遠される…

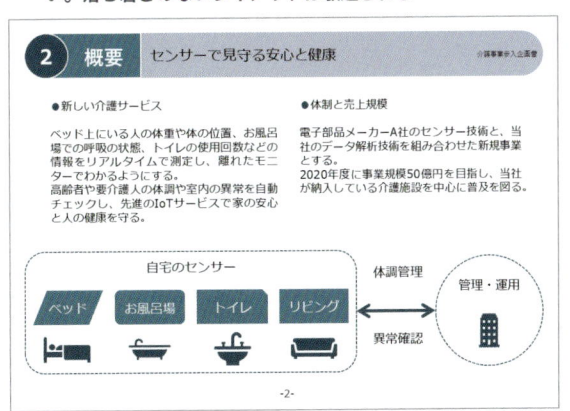

◯ 四角形だけでまとめてもスッキリする。四角形が強く感じるときは、線を細く色を薄くする工夫も必要！

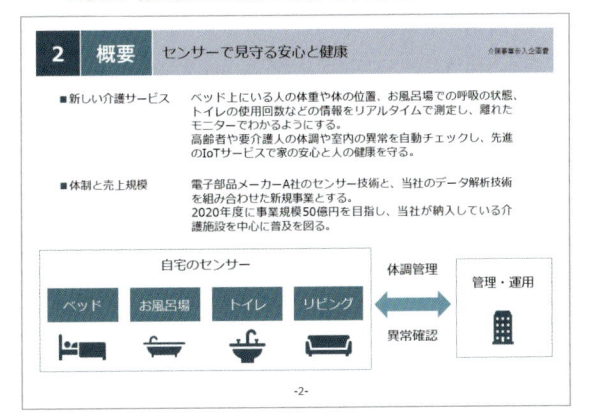

文章を扱うルールの例

1 見出しに太いフォントを使う
2 段落ごとに1.5行空ける
3 本文は一字下げをしない
4 文章の書き出し位置は左揃えにする
5 キーワードを色ベタ白抜き文字にする
6 キャプションの文字数を同じにする

図解を扱うルールの例

1 キーワードを囲む図形は角丸四角形だけにする
2 要素の役割や意味で罫線の太さと種類を決める
3 グラフを置く位置は左側、説明は右側にする
4 イラストのテイストをいくつも混在させない
5 写真を複数並べるときは、1つだけ角度を付ける
6 写真の上に配置する文字を袋文字にする

15 要素を反復して統一感を出してみよう！

キーワード
反復

枚数が重なる資料では、情報要素を**反復**して配置すると、レイアウトに一貫性が生まれます。一貫性があるということは、見た目に統一感があるということです。ページ企画書を作る上で、基本かつ大事な考え方です。

A 外観はオーソドックスなかたち

製品開発の中期スローガンを提案するページ企画書の1ページ目。上部は左から項目番号、ページタイトル、企画書名を配置し、ページ右下にノンブルを入れています。資料の外観情報はこれで固定しています。

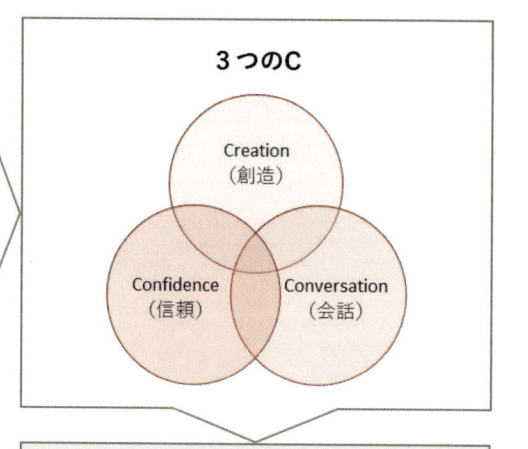

1 Policy

≪中期製品開発スローガン企画書≫

製品づくりの考え方

当社は製品の質を高め、安心して使い続けられる製品を開発・提供する使命を担います。

経営環境が逐次変化する中、柔軟な発想と想像力、相互信頼で収益性の高い付加価値製品を作らねばなりません。

多彩な技術、多様な人材を持つ当社の強みを生かして、創造と信頼と会話の3つの視点で製品を開発します。

次期5カ年は、次なる飛躍の基盤をつくるための期間と位置付けます。

創造と信頼と会話

3つのC

Creation（創造）
Confidence（信頼）
Conversation（会話）

質の高い製品を提供し続ける

1

B 本文は3つのブロックの展開

本文は左の解説、右の図解、右下のキーワードで構成しています。このパターンを全ページ繰り返して一貫性を持たせています。最後のキーワードだけでも、このページの主旨がつかみきれます。

レイアウトパターンを固定して、安心感で読ませる！

同じ位置に同じ情報要素を置く

「反復する」ということは、すべてのページがまったく同じに見えるという意味ではありません。ページをめくるたびに「同じ位置に」図解やキーワードが置いてあり、まとめの文言が並んであるといったことです。

紙面のつくりが反復されると、読み手はどのページでも「流れ」がパッと把握できて、==大切なポイントが感覚でつかめる==ようになります。項目番号やページ番号はもとより、社名ロゴやアイキャッチも常に同じ位置に入れるのが基本です。ヘッダーとフッターを利用して位置を決めるのも有効な手です。

反復する要素は同じ書式にする

情報要素を反復させる場合は、それぞれの場所で同じフォント、文字サイズ、図形、色を使ってください。そうしないと反復の効果が出ません。文字数も同等にしておくといいでしょう。本例はいささか変化に乏しいレイアウトですが、==決まったパターンに目を通せる安心感==が勝ります。

メッセージを正しく伝える際、斬新なレイアウトは必要ありません。

▼2ページ目。内容により表現する図解が変化している

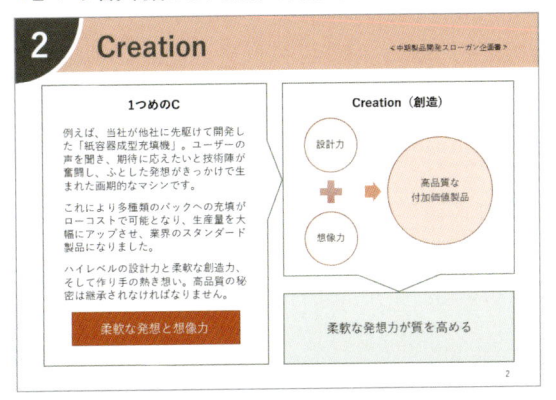

▼3ページ目。文章やキーワードの作り方、文字数に一貫性がある

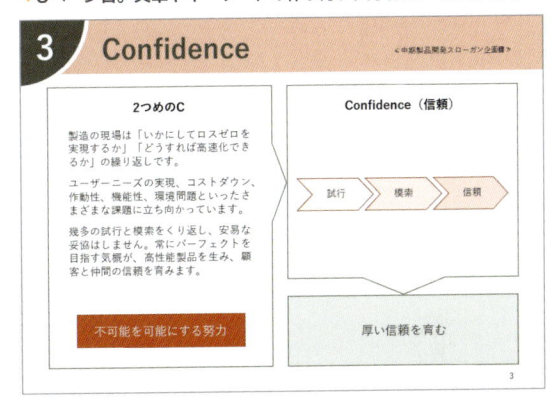

▼4ページ目。同じレイアウトパターンが続くが安心して読める

16 概算金額を入れて 信頼を引き寄せよう！

一枚企画書

キーワード
概算金額

製品発売の一周年を記念したプロモーション企画書。1枚にまとめる場合は、キャンペーンの名称や内容はもちろん、「**費用**がいくら掛かるのか」「どのような**効果**が期待できるか」をきちんと提示できるかが、評価の分かれ目です。

A 中央のタイトルへの視線誘導で読みやすく

上段と下段をつなぐ中央に企画のタイトルを置き、各項の関係性を明確にしたレイアウトです。Z型の流れに沿って要素を配置してあるので、すべてがスムーズに読むことができます。

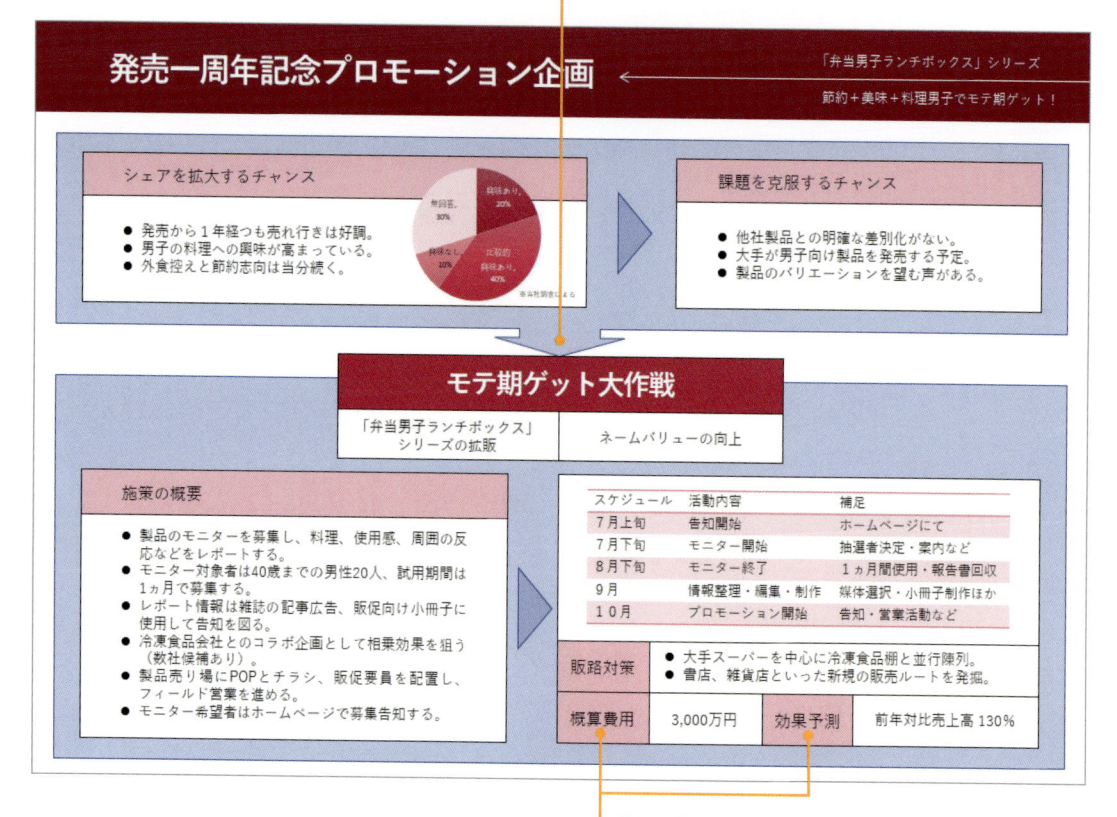

B 費用と効果で安心させる

「一体いくらなの？」「効果はあるの？」は、相手が最も気になるところ。一言でズバリ言い切っておくと、読み手は安心できます。詳細は口頭や別紙でもかまわないので、端的で具体的な数量を提示しましょう。

概算を入れて効果を予測し、読み手の信頼をゲットする！

ブロック矢印で大きな流れを作る

上段は企画の根拠をグラフなどで説明し、下段は企画の内容を丁寧に説明しています。レイアウトのポイントは中央に置いたタイトルです。目線のすべてはここを経由しますので、「モテ期ゲット大作戦」が強調されます。

上段の背景に使った図形は、「ブロック矢印」にある「吹き出し：下矢印」です。薄めの色で塗りつぶした図形が中央のタイトルに誘導する、上から下への大きな流れを作っています。ほかに小さな三角形2つを配置して、Z型の視線の流れを表現しています。

「一体いくら？」とは言わせない

相手だって稟議書を上げ、決裁を受け、予算を確保してこそ企画が実行できます。いくらかかるかがわからないと、企画を評価しようがありません。詳細は二の次、「合計○○円」「一式○○円」と、概算金額が一言あれば好印象です。プレゼンの金額は概算でいいのです。

また、企画を実行した場合の効果予測も大事です。いまや、効果の出ないものには一銭たりとも出さない時代。「150%アップ」「アクセス数30万件」のように、**具体的な数字をシンプルに見せてください。**これで、企画の信頼性が確実にアップします。

▼ 大きな流れを作るのに「ブロック矢印」は使い勝手がいい

✕ 読み手を気遣ったつもりの詳細情報だが、うっとうしくノイズに感じられてしまうこともある…

	内容	単価	数量	金額
1	Webサイト修正	56,000	25ページ	1,400,000
2	モニター管理		一式	600,000
3	データ集計		一式	1,100,000
4	販促物制作	2,300	2,000	4,600,000
5	広告・宣伝	新聞・雑誌	計3誌	18,000,000
6	販売店支援	20,000	200店舗	4,000,000
	合計			30,000,000

◯ 「予算はこれだけ！」と一言で言い切ると、レイアウトにキレやリズムが出てきて読みやすくなる！

概算費用	3,000万円

表は見やすくきれいに作る

表を使うメリットは、多くの情報が整理・分類できることに尽きます。縦横に線を引くだけで作れる一方で、労力とセンスが伝わります。ただし、塗りつぶしや線を強調すると、どうしても見にくくなります。「見出し行だけを塗りつぶす」「縦罫線は使わない」など、スッキリ感を出すようにしましょう。表のスタイルは「淡色」がおススメです。

✕ 「濃色」スタイルは、表の存在が目立ちすぎる…

スケジュール	活動内容	補足
7月上旬	告知開始	ホームページにて
7月下旬	モニター開始	抽選者決定・案内など

◯ 「淡色」スタイルは、落ち着いていて見やすい！

スケジュール	活動内容	補足
7月上旬	告知開始	ホームページにて
7月下旬	モニター開始	抽選者決定・案内など

Part7 73 表スタイルを適用する → 135ページ参照

17 最初に「結論」を伝えるようにしよう！

キーワード
結論

モタモタした風情の企画書は、おそらく最後まで読んでもらえません。自分の言いたいことが伝わらなければ、一生懸命説明しても意味がありません。「伝えたいこと」である**結論**を冒頭に持ってくると、読んでもらえる可能性や意味が伝わる可能性が高くなります。

A 結論が先ならイライラしない

「他社より3割安くなる」という結論を冒頭で披露しています。28ポイントの白抜き文字は目立ち、最初に目に飛び込んできます。読み手が「なぜ？」と思ったら成功です。

 価格競争力

戸建てネット販売の企画

新しいコスト計算では…

他社より3割安くなる！

なぜなら…

- ネットだけで住宅注文が完結する。
- 人的な営業活動がいらない。
- 打ち合わせの手間がかからない。
- 販促ツールなどを減らせる。

当社調べで従来の35%のコストが圧縮可能になる。その結果、大手住宅会社の同タイプ住宅より販売価格が3割ほど安くできる。

ネット完結でコスト圧縮

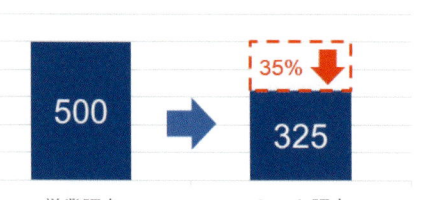

補足：コスト算出項目は①建築1図歌②敷地調査③プランニング
④概算資金計画書 の提出の4項目。
出所：データは当社算出によるポイント換算。

500 営業販売 → 35% ↓ 325 ネット販売

B 安心して以降の展開を読み進められる

結論を先に述べたことで、読み手は本ページのメッセージを明確に感じ取り、安心して根拠や次の展開をじっくり読み進めることができます。グラフを使って手短にメッセージを伝えています。

最初に結論を述べて安心させ、読み手に好印象を与える！

……▶ まわりくどい起承転結はダメ

「起承転結」という考え方は、短い時間で何らかの判断や成果を求めるプレゼンには適していません。伝えたいこと、つまり**結論を最初に言う**ほうが、伝える側と読み手の双方にメリットがあります。

ただし、必ずしも結論を冒頭に記せない場合もあるはず。ページ企画書なら表紙に全体像がつかめる（結論の）タイトルを入れたり、1枚企画書なら序盤に結論となるキャッチコピーをドーンと置いてもいいでしょう。

読み手は、少しでも早く内容を把握したいもの。読み手が必要な情報、欲しい情報が一見してわかる構成にするのが、ビジネス資料の鉄則です。

……▶「メッセージ」部分に結論を書く

外資系コンサルが作るスライドの基本レイアウトは、**上から「タイトル」「メッセージ」「ボディ」**が並びます。

「メッセージ」の部分には一番伝えたいこと、つまり「結論」を書くようにします。メッセージは、簡潔な言葉でなければいけません。できれば1行、最低でも2行以内でまとめましょう。結論を先に言い切って焦点をハッキリさせ、次に続く「ボディ」で結論を説明する具体的な内容（根拠や理由など）を書きます。誰が見ても意見のポイントがわかります。

● 1枚企画書の場合、結論の言葉がすぐ見つかるレイアウトならば、敢えて冒頭で述べる必要はない

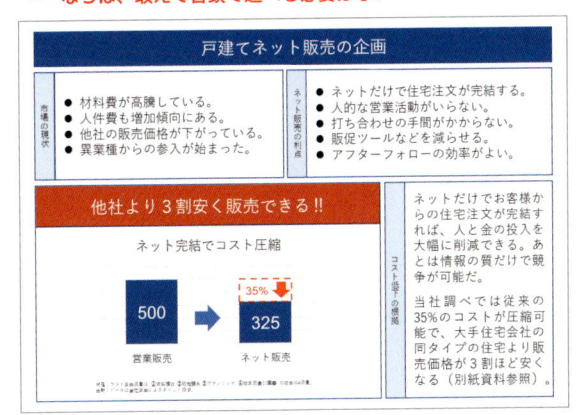

● 外資系スライドの「メッセージ」は、簡潔な言葉の1行がベスト。これで伝えたいことが明確になる

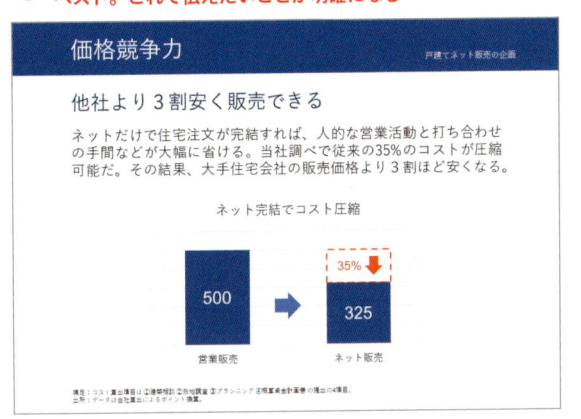

最初に結論を述べるメリット

一般に、企画を取り巻く「背景」や「目的」から入っていくのがオーソドックスなスタイルですが、まわりくどさはわかりにくさに通じます。結論を先に述べると、そのページの考えの軸が決まり、聞いて欲しい姿勢を相手に伝えられるというメリットがあります。前提の言葉が先に述べられるので、その後のストーリー展開が組み立てやすくなります。

企画書の「結論」は、一貫する主張と同等です。結論が気の利いたタイトルやキャッチコピーであれば、見栄えもよくなります。

新しいフォントを使って、テイストの訴求力を高める

<u>フォントのインストール</u>

　パワポの標準フォントはMS游ゴシックやMS Pゴシックですが、資料の内容に合ったテイストを強く出したいときは、フォントを変えてみると効果的です。「真面目」「ポップ」「カワイイ」をイメージさせるコンテンツは、游明朝や創英角ゴシック、丸ゴシックといったフォントがマッチします。

　一方で、「しっくりくるフォントがない」と感じることもあります。そんなときは**新しいフォントをインストール**して使ってみるのもいいでしょう。インターネットでは、フリーで使えるフォントがたくさん見つかります。チラシやポスターに使えそうなものや、雰囲気のあるものまでいろいろです。

　お好みのフォントが見つかったら、著作権を確認してダウンロードします。圧縮を解凍して付属のインストーラーを使ったり、「コントロールパネル」の「フォント」にフリーフォントをドラッグしてパソコンにインストールします。インストール後は、パワポの「フォント」のプルダウンメニューに表示されます。

▼フォントをドラッグすると、インストールが始まる

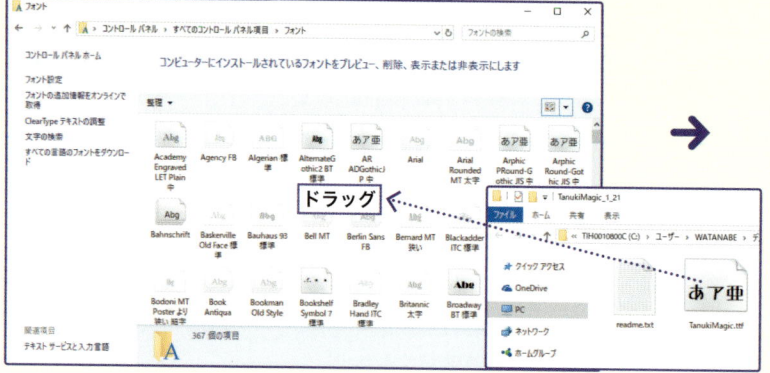

▼インストール後は「フォント」
　プルダウンメニューに表示される

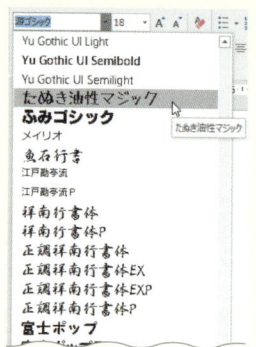

たぬき油性マジック

極太油性マジックで書いた手書き文字で作ったフォント
http://tanukifont.com/

いったい私はあの檸檬が好きだ。レモンエロウの絵具をチューブから搾り出して固めたようなあの単純な色も、それからあの丈の詰まった紡錘形の恰好も。

はんなり明朝

ふんわりとしたやさしさが感じられるフォント
http://typingart.net/

いったい私はあの檸檬が好きだ。レモンエロウの絵具をチューブから搾り出して固めたようなあの単純な色も、それからあの丈の詰まった紡錘形の恰好も。

Mugen＋

「M+ OUTLINE FONTS」と源ノ角ゴシックからなるフォント
http://jikasei.me/

いったい私はあの檸檬が好きだ。レモンエロウの絵具をチューブから搾り出して固めたようなあの単純な色も、それからあの丈の詰まった紡錘形の恰好も。

Part 3

文字を上手く扱いたい。
内容を表す最適な言葉と場所を見つけよう！

文字を扱う上で気をつけたい点は多々ありますが、基本は
「文字は読むためのもの」であること。文字が認識できて文
章が読めることは、読み手を引き込む第一手です。
使うフォントを選び、配置を考え、メリハリを付けるといっ
た作業こそ、欠かせない工夫です。文字を読みやすくすれば、
言葉の持つ力が発揮されて内容が正しく伝わります。

18 キーワードで直感的に伝えよう！

キーワード
キーワード

文字が羅列するだけの単調な企画書は、読む気がなくなってしまいます。たとえ、それが選び抜いた文言であっても「ベタ打ち文章は見たくない」と言われてしまいます。企画書では伝えたいことを**キーワード**にして伝えるといいでしょう。

A キーワードは「インスタマラソン」

企画のポイントを「インスタマラソン」というキーワードで表現しました。この一言でインスタグラムによる何らかのゲーム（競争）であることが想像できます。細かな説明は口頭か別紙で対応しましょう。

企画のポイント

より多くの「いいね」をゲットする
女性だけのインスタ対戦はじまる！

インスタマラソン

B 本当に伝えたい言葉だけ掲載した

次ページの×の例にある文章を削りに削って、2行に凝縮しました。インスタグラム、女性オンリー、「いいね」を増やす競争といったことが、確実に強く意識できます。

言いたいことを全部言わずに、シンプルなキーワードにする！

キーワードで記憶に残す

いい内容であっても、読み手にきちんと情報を受け取ってもらえなければ意味がありません。ひと目で言いたいことがわかるようにするには、キーワードにするのが効果的です。

伝えたい内容、覚えてほしい意味をキーワードにすることで、読み手の記憶に強く留まります。長い文章は飽きられますが、キーワードなら必ず興味がわいてきます。

適切なキーワードは、**シンプルで端的な言葉**ですから印象的です。ただし、キーワードが多過ぎると逆効果になります。1ページに1つ、2つでまとめるようにしましょう。

伝えたい情報を絞り込む

キーワードを作るときは、説明している文章をバッサリと削って、必要な情報としての**簡潔な一言**で言い換えてください。ほかに入れる文章がある場合も同様に、一番伝えたい情報だけに絞ってまとめましょう。情報を「減らす」ほうが伝わります。

本文を読むのをあきらめた相手でも、キーワードくらいは読んでくれます。読み手がキーワードが気になったとしたら、次に続く文章にも目を通す準備ができたことになります。これでプレゼンの評価はグッと上がります。

ぜひ、キーワードを味方に付けましょう。

✗ あれもこれも説明してしまうダメな例。一番伝えたいことがぼやけてしまい、読み手の頭の中が整理されない…

> **企画のポイント**
>
> 女子高生たちのインスタビジュアル信仰は、とどまることを知りません。「インスタ映え」する場所とモノを求め、旺盛な行動力は高まる一方です。意識調査によれば、10代と20代女子のファッション関連情報の収集は、インスタグラムで流行や人気のアイテムを検索する人が多いとの結果が出ています。
> 今回の企画のポイントは、女性同士によるインスタ対戦です。42.195時間でより多くの「いいね」もらった人が勝ちです。全国の女子高生の参加を募り、300人のリーグ戦を開始します。勝ち残った人が決勝トーナメントに進み、マッチアップ形式で対戦相手に勝って優勝を目指します。優勝は賞金50万円のほか、副賞として雑誌の1年間連載を依頼します。

⭕ 「インスタマラソン」というキーワードでまとめた。ほかの情報は省略したり別紙にしてメリハリを付ける！

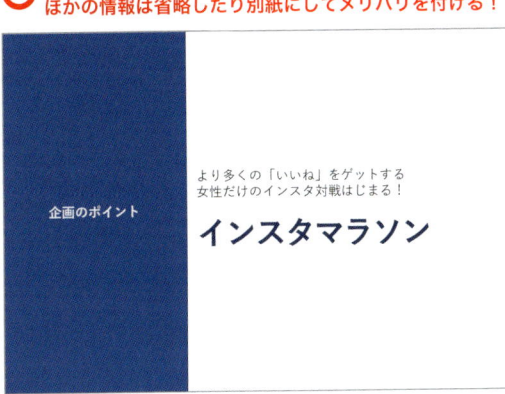

⭕ 写真を使ってイメージを強調。シンプルなキーワードと少ない言葉だが、伝えたい情報がすべて入っている！

19 箇条書きで "見える文章"を作ろう！

キーワード
箇条書き

文章が長くなってしまったら**箇条書き**を考えてみましょう。箇条書きにすると情報が整理され、文章がスッキリします。作り手にとっても思考が整理されて、よい言葉が見つけやすくなります。箇条書きを上手く調整すると、一層読みやすくきれいに仕上がります。

---

2 今後の狙い
ビッグデータ品揃え改善企画書

- 高リピート率商品を確実に発見する。
- 消費者の購買傾向を詳しく把握する。
- 需要予測で正しい商品の品揃えをする。
- 店内の商品陳列の最適化を図る。

2

A 行間を広げゆったりと

品揃え改善企画書の2ページ目。4つの箇条書きを「塗りつぶし丸」の行頭文字で列挙しています。ただし、32ポイント文字の行間は詰まり過ぎの感があるので、1.5倍の行間に変更しました。

---

3 データ活用のプロセス
ビッグデータ品揃え改善企画書

1. 情報の種類
   - ✓ ポイントカードの利用履歴（POS）
   - ✓ SNSの書き込みとつぶやき
2. データ分析
   - ✓ 回帰分析
   - ✓ クラスター分析
   - ✓ 因子分析など
3. データ活用
   - ✓ 需要予測による商品の品揃え
   - ✓ 店内の商品陳列の最適化

3

B 情報の性質で行頭文字を変えた

同企画書の3ページ目。データ活用のプロセスは上から順番に進むので「1.」「2.」「3.」の行頭番号を付け、それぞれの下位レベルは並列情報なのでチェックマークの行頭文字を使っています。

箇条書きを駆使して、情報を正しくわかりやすく伝える！

1項目を1行で書く

箇条書きは、余分な語句を削ってできるだけ簡単に表しましょう。ダラダラ書いてしまうと箇条書きにする意味がなくなりますので、簡潔に**1項目を1行で書く**のがベストです。

箇条書きは単語や短い文章を並べる方法から、体言止め（名刺や代名詞、数詞で終わる文）やコロン（：）を挟んで記す方法など、いろいろな書き方があります。

通常、文章の場合は句点（。）を付け、体言止めの場合は句点を省略します。箇条書きの文字数は揃えたほうが美しく見えます。

箇条書きの作り方

❶ 簡単な一文にする
簡潔なキーワードが最も読みやすい。できれば1行に収めるのがベスト。

❷ 文字数を揃える
文字数が凸凹すると美しくないので、各2～3文字以内の差でまとめます。

❸ 情報の性質を正しく扱う
内容が並列なら中黒（・）、順番なら「(1)」などの行頭文字を使って表します。

レベルを作ると瞬時にわかる

箇条書きは階層を作ることができます。この階層構造を**レベル**といい、最大9段階まで設定できます。行頭位置をずらしたり、下位の箇条書きの文字サイズを小さくすると、文章が構造化され、視覚認識が容易になって"見える文章"に生まれ変わります。

箇条書きの行頭で Tab キーを押すごとにレベルが下がり、先頭の文字が右へ右へとずれていきます。ただし、あまり階層を増やすと複雑になって逆効果ですから、2、3階層までに留めておきましょう。 Shift ＋ Tab キーを押すと、1段階ずつレベルを上げることができます。

✕ 3つの大項目に小項目がある箇条書き。行頭に●を入力しているが、読み出し位置が同じで区別しにくい…

スマホアンケート事業収益プラン
●アンケート回収による収益
嗜好調査情報（メーカー）
意識調査情報（TV局、新聞社等）
●メール配信による収益
製品広告（メーカー）
イベント情報（メーカー）
●登録者プル型収益
画像プリントサービス（消費者）
PC用データ変換サービス（消費者）
メール日記制作サービス（消費者）
ニュース配信サービス（消費者）

○ 全部の情報が並列なので、番号なしの行頭文字を使用。大項目の●に色を付けて、レベルを見分けやすくした

スマホアンケート事業収益プラン
● アンケート回収による収益
・ 嗜好調査情報（メーカー）
・ 意識調査情報（TV局、新聞社等）
● メール配信による収益
・ 製品広告（メーカー）
・ イベント情報（メーカー）
● 登録者プル型収益
・ 画像プリントサービス（消費者）
・ PC用データ変換サービス（消費者）
・ メール日記制作サービス（消費者）
・ ニュース配信サービス（消費者）

Part7 62 レベルのある箇条書きを作る ➡ 130ページ参照

20 文章は区切りのいい位置で改行しよう！

キーワード
段落内改行

企画書の文章は、文字数を抑えた **段落** で構成されるレイアウトが中心です。段落とは、区切りを付けた文章のかたまりのこと。文字を入力し始めて Enter キーが押されるまでが1つの段落になります。行頭文字の●や①を付けた箇条書きも、1行1行が段落です。

A　1行1行の読み継ぎが快適だ

読み継ぎがいい位置で段落内改行しています。1行ごとの行末は揃っていませんが、区切りのいい箇所で行が変わるので、読み手にとっては気持ちよく文章を読み進められます。

書類整理の改善案

見積書や発注書、注文書や確認書などの
文書の出力と保存は、間接業務の大きな負担です。
過去の文書の検索は手作業で行われて、
定期的に保存する作業はつい後回しになります。
自ずと、月末や期末にまとめて処理するため、
時間外労働が増える結果につながっています。
そこで用紙使用で非効率な業務を改善するために、
印刷しない**ペーパーレス運動**をご提案します。

1. 例外を設けない文書のPDF化

2. ドキュメントスキャナーの導入

3. プリンターのFAX機能の使用徹底

B　見た目がよい行間になるように調節した

下段に内容を表す箇条書きを配置しています。標準だと窮屈なので、見た目がよい感じの行間になるように段落の間隔を広げました（本文28ポイント、「段落後」間隔を12ポイント）。

段落と改行を理解して、文意が読み取れる行の構成を考える！

段落を理解して読みやすい文章に

テキストボックスでは、カーソル位置で Enter キーを押すと新しい段落を作り、Shift + Enter キーを押すと（段落はそのままで）**段落内改行**します。文意は段落単位で完結するものですから、Enter キーを押すたびに段落が作られることを意識しておくといいでしょう。

また、行をまたぐ文章の段落が複数あると、全体が平坦に見えがちです。段落にまとまりを持たせ、次の段落との違いをハッキリさせると文意がつかみやすくなります。本文の文字サイズに応じて、段落間の行間を変更してください。

✕ 文字が多くて窮屈に見える。1行空いた後に続く箇条書きの並びは、全体を見渡すとバランスが悪い…

> ### 書類整理の改善案
>
> 見積書や発注書、注文書や確認書などの文書の出力と保存は、間接業務の大きな負担です。過去の文書の検索は手作業で行われて、定期的に保存する作業はつい後回しになります。自ずと、月末や期末にまとめて処理するため、時間外労働が増える結果につながっています。そこで用紙使用で非効率な業務を改善するために、印刷しない**ペーパーレス運動**をご提案します。
>
> - 例外を設けない文書のPDF化
> - ドキュメントスキャナーの導入
> - プリンターのFAX機能の使用徹底

読み継ぎしやすく改行する

文章の行末で単語が切り離されたり、1文字だけ次行に送られてしまうと、読み継ぎが悪く誤読が生じます。文章が行末に到達しなくてもいいので、息継ぎしやすい位置で Shift + Enter キーを押して段落内改行しておきましょう。

文言の区切りがいい箇所や、ぶつ切りにならない位置で段落内改行しておくと、確実に読みやすくなります。気遣いのある文章は相手に伝わるものです。

✕ 何気ない文章だが、「重ね合わせ」「開発中」「さまざま」といった行末の文言は読み継ぎが悪い…

現実の風景にデジタルの映像や画像を重ね合わせることができるシースルー型の製品を開発中です。
ARを実現する機器として注目を集めており、パーソナルユースで楽しむだけではなく、サービス分野、製造分野、医療分野などのさまざまな場面での利用が見込まれています。

◯ Shift + Enter キーを押して段落内改行した。読み継ぎがよくなり、文意が理解しやすくなった！

現実の風景にデジタルの映像や
画像を重ね合わせることができる
シースルー型の製品を開発中です。
ARを実現する機器として注目を集めており、
パーソナルユースで楽しむだけではなく、
サービス分野、製造分野、医療分野などの
さまざまな場面での利用が見込まれています。

Part7 65 段落の間隔を変更する ➡ 131ページ参照

21 「3つ」に絞って見せると記憶に残る！

ページ企画書

キーワード
3つ

まとめられた情報は、いくつなら記憶できるでしょうか。5つや7つでは覚えられず、1つだと忘れてしまう。なぜか、「3」という数字は記憶に残ります。項目を並べるときは、「3つに絞り切る」「3つのグループに分ける」のいずれかで訴求してみてください。

A 大きな文字サイズで「3つ」を列挙

ブランディング戦略で重要になる3つの考え方。36ポイントの文字サイズと、きっちりした位置取りでキーワードを並べているので、安定感が出てスッキリしたレイアウトになっています。

ブランディング戦略
Branding strategy

コンセプト

ターゲティング

ポジショニング

ブランディングは、通常すでにある市場の中で独自性を築き、特定層からの価値を得る中で行われます。

創業から50年。商品の認知が浸透している当社のブランディングは、企業や人に価値を感じてもらう戦略の方が、若い消費者の感性にマッチします。

特にSNSを意識した訴求方法でマーケティングを進め、市場シェアの拡大を目指します。

B 信頼感が感じられるレイアウトに

ここでは包括的な狙いを文章で解説しています。3つのキーワードに対応した詳細目的を述べてもいいでしょう。面白みはありませんが、信頼感が感じられるレイアウトです。

情報を「3つ」にまとめて、確実に記憶してもらう！

「3つ」に絞れば、記憶に残る

「3」という数字がいかに魅力的かは、言を待たないでしょう。祝い事のシンボルは「松、竹、梅」、五輪のメダルは「金、銀、銅」、ビジネスの基本は「報告、連絡、相談」。諺には「早起きは三文の得」「三人寄れば文殊の知恵」など、「3」の付く例を挙げればきりがありません。

実は、この「3」という数字は、非常にリズミカルで記憶に残りやすい数字です。私たちは3つのものを並べると、安定感や安心感を抱く傾向があります。これは企画書を作るときには、ぜひ生かしたいテクニックです。

3グループは特徴が顕著になる

同類の情報や関係ある項目同士を並べる場合は、グループ分けも効果的です。3つのグループを作って各要素をいずれかに振り分け、共通項のキーワードや言葉でラベリングします。これだとグループの性質が伝わり、印象度が格段にアップします。

読み手の気持ちに立つと、3つが持つ安心感が得られ、「せめて3つだけ覚えればいい（聞けばいい）」という心の余裕が生まれます。同時に、3つにまとめ上げられた作り手の整理整頓の力量を感じることでしょう。

▼3つの要素を大胆にレイアウトした。アイコンが印象的だ

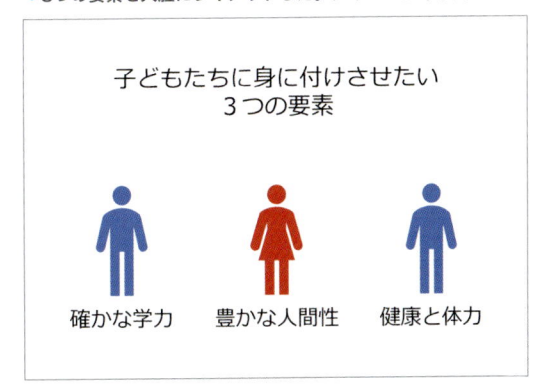

▼「Smart Art」を使用。番号はテキストボックスで追加した

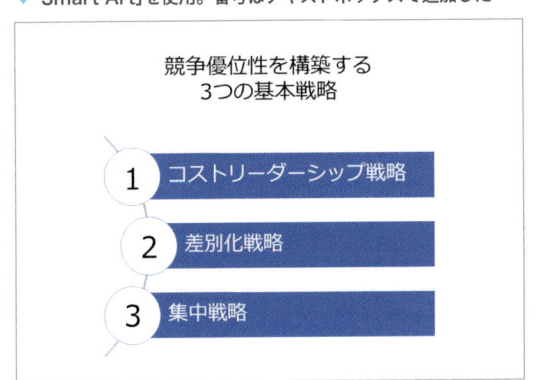

▼シンプルさを狙い3つのブロックとキーワードをペアで配置した

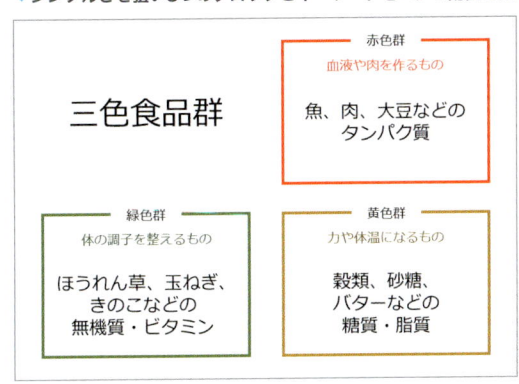

22 違和感のないフォントを選ぶようにしよう！

従来の**フォント**選びは、ゴシック体で文字サイズの強弱を付けるか、本文を明朝体にして読みやすさを狙うのが一般的でした。パワポ2016から標準フォントが**游ゴシック**になり、**メイリオ**や**Meiryo UI**が「誰もが見やすい、読みやすい」フォントとして浸透しています。

A 游ゴシックだけでも全体が読みやすい

本例は游ゴシックしか使っていません。タイトルは32ポイント、罫囲みの本文は16ポイントです。タイトルが若干細く感じるときは、`Ctrl`＋`B`キーで太字にしてもいいでしょう。

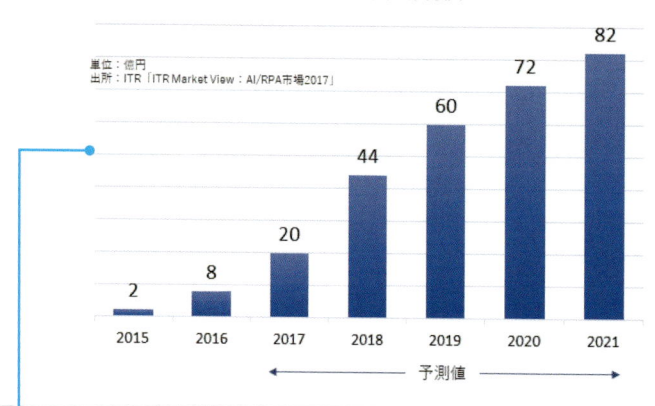

RPA市場は拡大中

コンピューターの定型業務を自動化するRPA（Robotic Process Automation）の国内市場規模は、2021年度には82億円になる見通しです。労働人口の減少や働き方改革、AIの活用に対する関心の高まりで、多様な業種と業態で導入が検討されています。今後、先行導入企業の成果が広く知られ、AIシステムとの連携が進めば、導入意欲はさらに高まる可能性があります。

RPAの国内市場規模

単位：億円
出所：ITR「ITR Market View：AI/RPA市場2017」

2015	2016	2017	2018	2019	2020	2021
2	8	20	44	60	72	82

← 予測値 →

B 和文と欧文の混在も大丈夫

グラフは和文と欧文が混在していますが、游ゴシックは英数字で使っても不自然な感じがしないフォントです。字面が大きいので、小さい数字や文字であっても一字一字がしっかり読めます。

フォントが醸し出すイメージを引き出して、わかりやすく伝える！

游ゴシックは一字一字が読みやすい

フォントには、洗練された美しいものがあれば、力強くインパクト効果を狙うものもあります。それぞれに醸し出すイメージがあり、上手く引き出すことで情報がストレートに伝えられます。企画書で使うフォントは、読み手に受けて欲しい印象を考えて、それに合ったものを選ぶことが重要になります。

多くのフォントを使ったり内容にそぐわないフォントだと、読み手の関心は遠のいてしまいます。資料のイメージや伝えたい内容によってフォントを選んでください。

游ゴシックは英数字に使ってもOK！

ゴシック体はシンプルで目立ち、総じて視認性がよいフォントです。プレゼンのスライドや見出し、図版のキャプションで使うといいでしょう。明朝体はかっちりとした堅めのイメージがあるフォントです。可読性に優れるので、長い文章を読ませたいときに適しています。

また、英数字には欧文フォントを使うようにしましょう。和文と欧文では行内の文字の高さが違うため、混在するとアンバランスな印象になってしまいます。やはり、英数字専用の欧文フォントのほうが美しく見えます。

基準の例	組み合わせの例	
	和文フォント	欧文フォント
雰囲気が似ているものを使う	MS 明朝	Garamond
	MS ゴシック	Arial
サイズや太さが近いものを使う	MS 明朝	Century
	MS ゴシック	Segoe UI
	メイリオ	
	游明朝	Times New Roman

✕ タイトルはHGP 創英角ゴシック UB、それ以外はMS P ゴシック。太字だと文字がつぶれ、英数字は美しくない

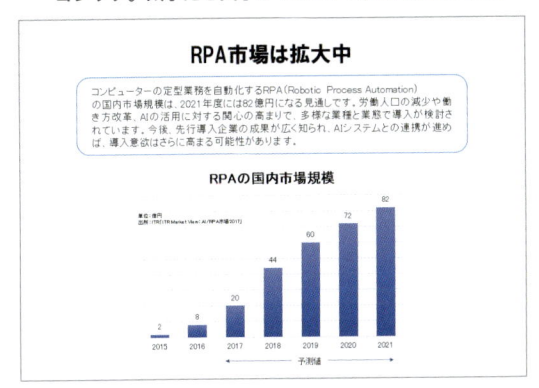

○ 和文に游明朝、欧文にTimes New Roman。明朝体のスマートさが活き、文字の太さが揃う。太字はつぶれない

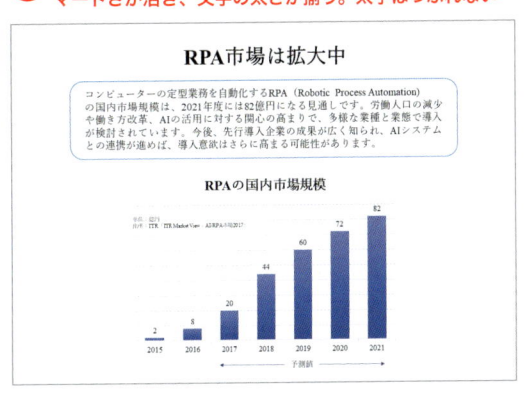

23 文字サイズを変えて メリハリを付けよう！

キーワード
文字サイズ

企画書では、読んで欲しい箇所や見せたい箇所の**文字サイズ**を大きくするのが基本です。大きな文字なら誰もが「重要だ」と感じるからです。文字サイズの采配だけでもメリハリが演出できます。全体像が視覚的にハッキリすれば、ストーリーがつかみやすくなります。

A 3つの見出しを極端に大きくする

本文の見出しは32ポイント、その下の説明文は11ポイントです。この文字サイズの差が見出しを際立たせ、本ページの主張が明確になっています。右ページの×の例と比較して違いをみてください。

ダイエット調査

男性の４割がダイエット

「男性のダイエットに関する調査」では、男性の4人に1人が現在ダイエットをしており、ダイエット予備軍も含めると4割弱を占める。「現在ダイエットをしている」人は女性の31％に対し、男性では25％。ダイエット予備軍となると男性でも4割近い。女性では20代が最も高いのに対し、男性では30代が最も高くなっている。

男性は「健康のため」

ダイエットの目的は、女性が「見た目」なのに対し、男性は「健康」が第一位。ダイエットを始めたきっかけは「健康診断結果」が中高年で顕著で、女性に比べて「内臓脂肪」「中性脂肪値」「コレステロール値」の数値改善意識が強い。「健康診断で指摘された」が女性より男性の方が多く、特に男性40代以上で顕著である。

ウォーキングが増加

現在取り組んでいるダイエット方法は「食事の量・回数を減らす」が男女ともにトップ。ただし、男性では「ウォーキング・ジョギング」が第二位に入っている。特に60代では6割強に上っている。また、男性では6割近くがお金をかけずにダイエットに取り組んでおり、女性（52％）に比べてもその比率が高くなっている。

B 説明文は「無視されてもいい」

見出しに比べ、説明文の文字サイズを極端に小さくしました。3つの見出しだけ読んでもらえれば、11ポイントのそれぞれの説明文は「無視されてもいい」くらいの割り切りができます。

大胆に文字サイズを変えて、紙面にメリハリを付ける！

思い切って見出しを大きく

見出しやキーワードといった箇所を大きく扱い、ほかの情報を小さくさせてみましょう。すると、文章の中に**見るべきポイント**が生まれ、読み手はそこに集中するようになります。文字サイズを変えるだけでも、強調とリズムが作れます。

プレゼンを中心とした企画書では、見出しと本文の文字サイズを極端に変えたレイアウトのほうが、内容が速く伝わります。総じて、全体像が視覚的にハッキリして、ストーリーと構造がつかみやすくなります。

10ポイント以上の差を付ける

文字サイズは5〜10ポイント以上の差を付けると、メリハリが出てきます。一番大きな文字サイズにするのは、コンセプトやテーマ、そのページでぜひ伝えたい事実や意見などがいいでしょう。文字は Ctrl + Shift + > （<）キーでサイズを大きく（小さく）できます。3種類程度のサイズを使い分けるのが適当です。

また、30ポイント以上のカタカナの見出しは、文字間が間延びしがちです。［ホーム］タブの「フォント」にある［文字の間隔］で調整する工夫も必要です。

ジャンプ率でメリハリが生まれる

レイアウトする情報要素は、「大きく見せるか」「小さく見せるか」の差によってメリハリが生まれます。この大きい部分と小さい部分の比率を**ジャンプ率**と言います。ジャンプ率が高いと躍動感や迫力が出て、ジャンプ率が低いと落ち着きのある上品な印象になります。

文字情報に差を付けるには、文字サイズを変えるほか、太くしたり色を付けたり、それらを組み合わせる方法があります。実際には、文字数や版面の大きさ、余白とのバランスを考えて、メリハリの出る方法を採用してください。

✕ 本文の文字サイズは14ポイントだけ。
落ち着いた雰囲気だが、読んでみたいという気にはならない…

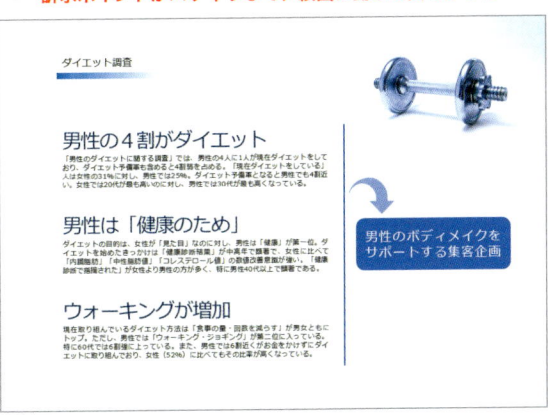

● 28、18、10ポイントの3種類でまとめた。
訴求ポイントがハッキリして、紙面に動きも出ている！

キーワード
優先順位

企画書作りに熱が入ると、どうしても文字が多くなります。その結果、詰め込み過ぎの紙面が出来上がります。目に留めてもらいたい箇所、読んで欲しい情報、サッと見て次へつなげてもらいたい箇所のように、情報に**優先順位**を付けるとわかりやすくなります。

A 見出しとリードで全体像をすばやく伝える

最初に目に入る見出しで速く伝え、短くまとめたリードでポイントをつかむようにしました。このような新聞記事の構成を真似れば、「どこを読めばいいの？」という読み手の混乱は生じません。

農家向け専用ドローンシステムの開発・販売

ドローンで作物の生育と防犯を 自動監視する！

高齢化と慢性的な人手不足、収穫前の農作物の窃盗被害などで、農家は「労多くて功少なし」の実情です。ドローンとITを駆使し、データを活用する農家向けの専用ドローンシステムを開発、提供します。内蔵のカメラで作物の生育モニタリングや圃場がフルタイムで監視でき、高い生産性が期待できます。

田畑を「見える化」する

空中から自動航行で田畑の正確な画像センシング

生育の変化を計測し、手入れや病虫害防除、出荷時期を予測

ドローンから送られてくるデータを処理してクラウドに蓄積

不審者や不審車両を発見し、夜間はLEDライトで撮影

作物の生育状況を数値化し、生産者にわかりやすい画像で提供

過去のデータを表示・分析でき、今後の対策が迅速に立案

夜間の監視が自動航行で行われ、実働なくリアルな状況を捕捉

2019年度から甲信越地方を皮切りにサービスを開始

1システム当たり50〜100万円を予定（オプションあり）

B 詳細情報は本文で解説した

企画の詳細は本文が担います。ドローンのイラストを生かすために、その周辺に詳細情報を配置しました。「内容」「メリット」「計画」の情報で囲み罫線を色分けしています。

新聞記事の構成を真似して、情報に優先順位を付ける！

見出しとリードと本文で作る

限りあるスペースに情報をレイアウトするときは、新聞記事の構成を真似てみるといいでしょう。新聞記事は最初に目に入る**見出し**、要約部分である**リード**、そして**本文**の3つから構成されます。定型化された構成は、「速く」「短く」「わかりやすく」記事を書くためのテクニックです。見出しで引き付け、リードで全体をつかみ、本文で詳細を理解してもらう。情報に優先順位を付けてレイアウトすると、誰が見てもわかりやすい企画書になります。

✖ 箇条書きでまとめたレイアウト。これはこれでまとまっているが、わかりやすさや面白味は感じられない…

文字サイズで優先度を変える

情報に優先順位を付ける具体的な方法は、見せたい（伝えたい）優先度が高い情報の文字サイズを大きくし、2番目、3番目の順で文字サイズを下げていきます。こんな単純な方法でも、情報がハッキリ区別できるようになります。

情報にまとまりができると、配置した要素が散見せずに整理感のあるレイアウトになります。そうすれば、見た瞬間に何を伝えようとしているのかがわかるようになります。

見出しとリード、本文の文字サイズは、1、2ポイントの違いでは区別が付きません。勇気をもって大胆にサイズの差異を出すと、メリハリが効いて、読み手は優先順位を感じられるようになります。

左ページの例では、見出しを24ポイント、リードを14ポイント、本文を10ポイントの文字サイズにしています。

⭕ 見出しやキーワードを使って流れで読ませる1枚企画書の例。情報に優先度を付けるとリズムが出る！

25 インパクトある文字に変身させよう！

キーワード
文字の変形

文字を強調させたいならサイズを大きくするのが近道。でも、テキストボックスは文字情報の入力領域であって、ダイナミックな見せ方はできません。そこで使いたいのが **文字の変形** です。タイトルやキーワードといった、一点集中のアピールに効果を発揮する機能です。

A 変形して印象的な文字に

見出しを丸みを帯びたかたち（上ワープ）に変形しました。アイキャッチのような印象的なデザインに見えます。写真に合わせた緑色の文字で統一感を出し、同時にスミ文字による重さを失くしています。

貴方だけの一品を。

どこへ行っても同じような商品が買える。いわゆる大量生産品は、適度な価格で安心感のある商品と言えますが、満足度は高くありません。それに反するように、オリジナリティー溢れる「よそでは買えないもの」への関心が年々高まっています。

そんな流行に敏感でおしゃれ好きな女性たちの御用達サイトを作ります。全国の地元アーティストやクラフトグッズを販売する個人商店と連携し、素敵な手作り商品だけを集めたショッピングサイトです。

B 効果のない文字加工はしない

フォントや文字サイズに凝り過ぎると、読みにくくなるだけ。しかも、文字の装飾やワードアートといった機能は、読みにくいだけで思いのほか訴求効果はありません。まずは文字の変形か白抜き文字を考えてみましょう。

文字を変形して、印象的なビジュアルに変身させる！

文字の読みやすさに注意して使う

文字の変形は、［描画ツール］の［書式］タブの「ワードアートのスタイル」にある［文字の効果］をクリックし、［変形］を選択して36種類のパターンの中から選びます。変形後は拡大縮小や回転で調整したり、影や反射、光彩や文字の色などを組み合わせて、ユニークさを際立たせることができます。

ただし、工夫を凝らすあまり文字が読みにくくなっては本末転倒です。多用せずに1、2箇所に留めておきましょう。

図に変換して加工度アップ

文字を図として扱えば、より凝ったデザインが可能になります。つまり、文字を写真やイラストと同じ扱い方ができます。投影や影がセットで適用できる凝ったスタイルを使ったり、スケッチや絵画のアート効果を適用するなど、一段と表現のバリエーションが増えます。

操作方法は、テキストボックスを右クリックして、ショートカットメニューの［図として保存］を選択します。あとは、図として保存した文字（画像）をスライドに挿入すれば、普段の画像と同じように扱うことができます。

▼タイトルを図で保存すれば、アイキャッチにも流用できる

▼図として保存した文字を「モザイク」のアート効果などを適用した

▼変形(波：上向き)、光彩(11pt；オレンジ、アクセントカラー2)

勝算はインスタ映え

▼図として保存後、図スタイル(回転、白)を適用

AIの急速な進歩

▼変形(四角)、反射(弱)：オフセットなし

2018年の最新事情

▼図として保存後、アート効果(線画)、色(赤)を適用

値上げ時代の衝撃

26 1行の文章を短くして読みやすくしよう！

キーワード
段組み

文章を紙面の横幅いっぱいに書き連ねると、圧迫感が出てしまいます。1行が長い文章は**段組み**にしてみましょう。段組みのメリットは、とにかく読みやすくなること。1行の長さが短くなると、読み手の視線移動が狭くなって文章を目で追いやすくなります。

A 段組みで目線移動を楽にした

12ポイントの文章を3段組みでまとめました。段同士の間隔は0.6ミリに設定しています。また、段落後を6ポイントにして段落間の空きを広くし、窮屈さを解消しています。

"車窓"から外国の景色が見える

ホテル改装企画書

内容

ホテルにいながら海外列車の旅の気分が味わえる部屋に改装します。部屋のイメージは、コンコースと列車ホームの向こうに旅客列車の客室が表れます。

内部はモダンかつ上質感あふれるデザイン。海外の列車に乗った気分が味わえます。さほど大きくない客室ですが、適度に歩き回ることができ、快適さも感じさせます。

車内の大きな窓には、大画面モニター

が埋め込まれており、眺める"車窓"の風景は、爽快かつ大迫力。当初は、海外3種類の車窓コンテンツを用意します。

客室はゆったりとしてスタイリッシュ。2人だけの空間で、自然を満喫できる観光スポットの映像が見られます。

ウェルカムシャンパンやバラの花束、料理なども手配できるようにして、出会いの記念日に、プロポーズを決めた記念日に、大切な人と夢心地の時間を

過ごしていただきます。

宿泊人数は2人までですが、10人までのミーティングルームとして使うことも可能。1泊朝食付きで約3万5千円を予定しています。

ダブルベッド、サウナ、ジャグジー、テレビ、DVDプレーヤー、電子レンジやコーヒーメーカー、インターネット接続、冷暖房完備で、誰にも邪魔されずに快適に過ごせる設備を整えます。

車窓映像

氷河急行（スイス）

世界でナンバー1の人気を誇る氷河急行。太陽の町サンモリッツからマッターホルンの麓ツェルマットまで、全長269キロの絶景ルート。アルプスが連なる山岳地帯を縦断し、世界の頂上から山の中の山へ進みます。世界中の旅行者が憧れる眺望は感動ものです。

ホグワーツ特急（イギリス）

映画『ハリー・ポッター』で有名な架空のホグワーツ特急が走るシーン。スコットランド北部のハイランド地方を走る「ジャコバイト号」で、フォート・ウィリアムとマレイグの間を一往復しているSL列車。ハイランド地方を巡る自然豊かな風景が続きます。

マレー鉄道（マレーシア）

タイのバンコクからマレーシアのクアラルンプールを経由し、シンガポールまでの約2,000キロにおよぶマレー半島をつなぐのがマレー鉄道。車窓に広がる熱帯雨林のジャングルや、異国情緒溢れた町並みの風景を楽しみながら国境超えを体験できます。

B スッキリと落ち着きのあるレイアウトに

上段と同じ3段組みの書式です。3項目の解説文ですので、文字数を均等にして同じ行数に揃えました。スッキリと落ち着きのあるレイアウトに仕上がっています。

段組みで1行を短くして、「読みやすい」と思わせる！

段組みで1行を短く整える

段組みとは、文章を2列や3列にしてレイアウトすることです。読みやすくなると同時に、窮屈になりがちなレイアウトスペースを効率よく使えるようになります。

段組みのメリットとしては、

①**文章が読みやすくなる**
②**文章にメリハリが付く**
③**紙面に変化を出す**
④**図版と一体化してレイアウトできる**

といった点が挙げられます。

✗ **1行が長いと読み進める視線の移動がつらい。文章に満腹感、レイアウトに素人センスでは敬遠される…**

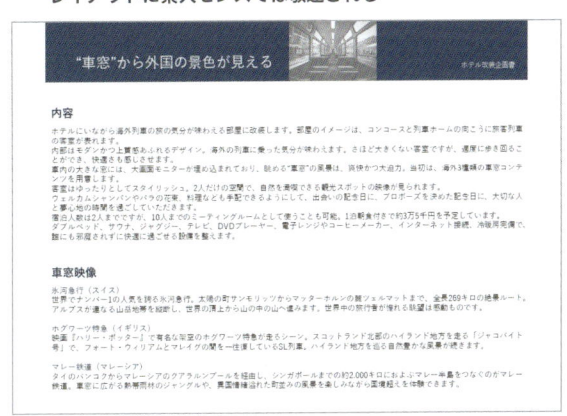

内容に合わせて段数を決める

パワポで段組みを作るのは簡単です。段組み機能がありますので、段数と段間の余白（マージン）を設定するだけです。段間の余白は文字サイズと全体の文章量で上手く調整したいところです。

文字サイズや1ページの行数を念頭に、内容に合わせて自由に設定してみましょう。余裕があれば、雑誌風にして読み手の興味をつかむレイアウトもいいでしょう。

なお、1行の文字数が多い段落の場合は、読み手の視線移動の負担を減らすために、通常より行間を広くすると見やすさがアップします。

▼ **下段は9ポイントの2段組み。情報の優先のメリハリが付く！**

▼ **何度か試しながら、イイ感じの段間隔を見つけたい**

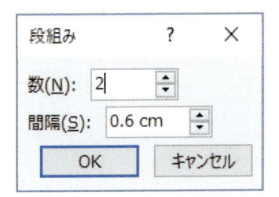

🗗 **Part7 68 文章を三段組みにする** ➡ 133ページ参照

27 読みやすい最適な文字数を見つけよう！

キーワード
1行文字数

プレゼンを意識した企画書は、見てわかるように作るのがベスト。そこで**文字数**を1文字でも減らして、ひと目で読み切れるように作りましょう。1行に入れるべき文字数に「○○文字」という正解はありませんが、「読みやすい」「見やすい」と感じさせることが大事です。

A 1行を14文字で収めてスッキリと

労をかけて調べた「現状」などを述べるときは、ついつい長くなりがちですが、24ポイントのサイズで「14文字×2行」で収めています。この程度なら一気に読み切れます。右ページの✕の例と比較してみてください。

現状と再生の視点

消費者の嗜好が多様化し、
どんどん日本酒から離れていく

● 酒造りに必要な「水」「米」「気候」がある
● 由緒ある造り酒屋とノウハウが残っている
● 超一流の経営と大資本、ITを導入して復活させる

最先端技術と経営力で酒造業再生

B 広がり過ぎないように20ポイントで

「再生の視点」という重要な情報は、箇条書きで覚えやすく整理しました。上部と同じ文字サイズにすると横幅が開き過ぎるので、20ポイントのサイズで「1行を22文字」で表しています。

ひと目で読み切れるように、とことん文字を削る！

▶1行にちょうどよい長さを見つける

1行は長過ぎても短過ぎてもいけません。長過ぎると文字を追うのがつらくなり、短過ぎると言葉がブツブツと切れてしまいます。大切なのは、**「ちょうどよい長さ」を見つける**ことです。プレゼンの資料では、スライドの左右一杯に文字を並べることがあります。

経験則では、読みやすい1行あたりの文字数は「30〜35文字以内」、オンスクリーンの場合は「15文字以内」が目安です。まずは文字サイズやレイアウトを調整してこの範囲に収め、ちょうどよい長さを見つけてみましょう。

✕ 1行45文字では多過ぎる。伝えたい要旨を練り上げて、パッと読み切れる文字数まで削りたい…

現状と再生の視点

わが地方には、かつて200を超す造り酒屋があった。しかし、消費者の嗜好の多様化により日本酒の消費量は減り、今では40にまで落ち込んでいる。一方で、日本各地でワインが作られるようになった。低アルコールが全盛の時代で、古いイメージや雰囲気だけの抵抗感、若者の酒離れもあり、特に若年層の間で日本酒離れが進んでいる。時代に流れとは言え、消費者のニーズを汲み取る努力を怠ってきた業界の反省も必要だ。

翻って見れば、市場が萎むときこそ、新しく挑戦する側にとっては有利だ。わが地方は、酒造りに必要になる「水」と「米」と「気候」の三拍子が揃っている最高の地域だ。由緒ある造り酒屋も残っており、ノウハウが伝承される。そこに超一流の経営と大きな資本、ITを導入すれば、伝統の酒造業を復活させることができるはずだ。

最先端技術と経営力で酒造業再生

▶1行の文字数は目安として考える

もちろん、1行に入れる文字数は、「30〜35文字」や「15文字」が絶対ではありません。窮屈な規則は創造性を欠く原因になりますので、ページ全体のバランスで判断しましょう。

無理に文字数を制限するよりも、**文章を「明快に」「簡潔に」する**ことに主眼を置くことが最も重要なことです。

例えば、映画の日本語字幕は、通常1行13、14文字が目安です。「Yahoo!ニュース・トピックス」のヘッドラインは13文字以内が有名です。意図が正確に伝わる1行の文字数、読み飛ばされない1行の文字数を見つけてください。

◯ 1行20文字でまとめた例。文章を「明確に」「簡潔に」すれば、難しい言葉を使う必要はない！

現状と再生の視点

嗜好が多様化する時代の若者たちに、
本当の日本酒のよさが伝わっていない。

わが地方には酒造りに必要な「水」「米」
「気候」の3つがある。
最先端技術と経営力で酒造業を再生できる。

「言葉を削る」ことに時間をかけよう

あれこれ考えながら企画書を作っていると、情報が多いほど相手が納得してくれそうな錯覚に陥ります。しかし、**短くした言葉**こそが相手に伝わるメッセージです。したがって、企画書作りのエンディングでは、「言葉を削る」ことに時間をかけてください。具体的には、「不要な接続詞や形容詞、助詞を外す」「似たような説明を削る」「体言止めにする」などです。

パワポが勝手に作るデザインは、スタイリッシュでカッコイイ！

PowerPointデザイナー

　パワポ2016の新機能に**PowerPointデザイナー**があります。これはスライドに挿入した写真からデザインを作り出す機能で、写真を自動的に解析して見栄えのよいデザイン候補を表示してくれます。

　スライドのレイアウトが［タイトル］か［タイトル＋コンテンツ］のいずれかの状態で写真を挿入すれば、［デザインアイデア］ウィンドウにいくつかの候補が表示されます。スタイリッシュなデザインが多く、特に文字が少ない表紙や中扉で視覚的なアピールができるでしょう。

　PowerPointデザイナーを初めて使う場合は、「Officeオンラインサービスにスライドを送信する必要があります」とメッセージが表示されるので、［始めましょう］ボタンをクリックします。

　PowerPointデザイナーは、Microsoft社の「Officeインテリジェントサービス」メニューの1つです。インターネットにつながっている環境で行う必要があり、Office 365サブスクリプションを購入しているユーザーが使用できます。

▼「タイトル」「サブタイトル」を入力し、写真を挿入するだけの簡単操作

▼使う写真を変えると、表示されるデザイン候補も変わってくる

▼「テーマ」機能を使うと、配色や構図がより視覚的なデザインになる

Part 4

ストレートに意図を伝えたい。
シンプルに見せるテクニックを覚えよう！

だれもが、興味を持って企画書を読むわけではありません。「一言でいうと？」という相手に対し、いくら言葉を重ねても敬遠されるだけです。読み手にとって多過ぎる情報はノイズです。ノイズは主旨の理解を妨げ、思考を混乱させます。読み手に間違った判断を促さないために、シンプルな文章とシンプルな図式を使ってわかりやすいメッセージを作るようにしましょう。

28 1ページに1つの メッセージを入れよう！

キーワード
1メッセージ

ページ企画書の1ページ内に、企画の「現状」を語りつつ「実行案」や「体制案」まで記されていると、このページで最も重要なことが曖昧になってしまいます。聞き手が混乱しないようにするには、1ページに入れるメッセージは「1つ」にすることです。

A 「背景」としての情報だけを述べる

企画の「背景」を文章で1ページに収めています。ここでは客観的な情報だけを紹介しています。グラフにする場合は、シンプルなグラフで大きく見せ、文章をもっと削ってレイアウトしましょう。

企画の背景　　　　　　　　　　　　　　　　デジカメ販促企画書

スマホがあれば、デジカメはいらない？

もはや、写真は一部の専門家が一眼レフを使って撮る以外、スマホで事足りると思われているのでしょうか。カメラ映像機器工業会の統計によると、世界のデジタルカメラ出荷台数は、2010年の1億2146万台をピークに、2016年は2419万台まで右肩下がりで推移しています。

ここ6年間のデジタ
長時代の上昇率に比
アップル社がiPhon
スマホの普及や搭載
などによって、デジ

企画のアプローチ　　　　　　　　　　　　　デジカメ販促企画書

一台持っていれば、絶対役に立つ！

そうはいっても、デジタルカメラのよさは、スマホと比べても明らかです。このような特徴を見つめると、デジタルカメラの市場価値はまだ十分に残されています。

1.　シャッター音が小さいため、周囲への配慮が不要。

2.　スマホのカメラよりも圧倒的に高画質、高機能である。

3.　デジカメ併用でスマホのバッテリーの消費が抑えられる。

4.　Wi-Fi対応機種ならば、素早くデータを転送できる。

3

「方向性」を別のページ建てにする

市場は縮小していても、デジカメの潜在能力はまだあるという主旨のページ。「背景」と一緒に述べると、メッセージが2つになるので、別ページで紹介しています。右ページの✕の例と比較してみてください。

B

1ページ＝1メッセージで、読み手が混乱しないようにする！

1ページに1つのメッセージ

1ページ内に何種類ものグラフがある。このページで言わなくてもいい説明がある。次ページにまたがって解説している。このような作り方をすると、読み手は重要なポイントがつかみにくくなります。

そこで、**1ページに1つのメッセージを入れる**ようにしてください。例えば、「現状」の項であれば、現状に関する情報だけを1ページにまとめます。見せたいグラフが3種類あっても、1つに絞りましょう。ページに余白が残っていても無理に情報を入れず、そのページはそのまま"終わり"にさせてください。

不要な情報はノイズになる

1ページに1つのメッセージを入れる。これは誰が読んでもわかりやすい形式です。シンプルでメッセージが引き立ち、読み手は短時間に理解できるようになるからです。

一方、話し手にもメリットがあります。ページ数がメッセージ数になりますので、プレゼン全体の流れが非常に覚えやすくなります。

情報要素が多いということは、読み手にとってのノイズが増えるということ。求められるのはカッコいい企画書ではなく、すぐわかる企画書です。

文章は一文一意を原則にする

企画書を作るときは、無理して上手い文章を書こうとしないで、平易な言葉を使って文章を書きましょう。読み手に文章の意味を考えさせるようでは、メッセージそのものが伝わりません。

ビジネス資料の文章は、**一文一意**を原則にしましょう。一文一意とは1つの文に1つの意味を持たせること。一文の文字数が減り、言葉の意味がわかりやすくなりますので、主語と述語が合わないとか、前後で内容に矛盾が生じることがなくなります。無駄のない文章は、文意が明確になります。

✕ 企画の「背景」と考え方のアプローチを示す「方向性」が混在している。文章も長くて理解が大変だ…

✕ 文章が次ページにまたがってしまうと、息継ぎができずに読みにくい資料になってしまう…

29 要素に差異を付けて印象を操作しよう！

キーワード
差異

レイアウトにはメリハリが大事です。メリハリとは情報要素に**差異**を付けること。情報要素に差異を付けると強弱が生まれ、単調さが解消できます。その結果、大切な箇所を印象付けて、どんな内容なのかをひと目で理解、記憶させることができるようになります。

A 主役を大きく大胆に見せる

1つの写真だけ極端に大きく見せました。「自然」「静か」「河川」といった言葉が企画と合致するときは、該当写真が印象を強めてくれます。「主役は1つ」を原則にすると、メリハリが付きます。

イギリスで**起業**するメリット：

周囲を海に囲まれている
川の水量が豊富である
日本人の好感度が高い

B ほかの写真を小さく見せる

3つの写真は小さく見せて補助的な位置付けにしたので、主従関係がハッキリします。
自然豊かな写真がメインになりますので、以降のページ展開でこのイメージが刷り込まれるように作るといいでしょう。

中途半端でなく、大胆に差を付けてメリハリを出す！

⋯⋯▶ 大胆かつ極端に差を付ける

メリハリを付ける際は、微妙な違いではなく**ハッキリと差を出す**ようにしましょう。差異が大きいほど、感じられる印象が強くなり、メッセージも明確になります。

すぐにできるのが、見出しに特大の文字サイズを使い、本文を小さくすること。見出しだけを読んでくれれば、「本文は飛ばされてもいい」くらいの割り切りでレイアウトすれば、読み手の視線を誘うことができます。

⋯⋯▶ 差異を表現するいろいろな方法

要素に差異を付けるには、使用するフォントを変えて強弱を出したり、写真のサイズを変えて主役と脇役を感じさせたりと、いろいろな方法があります。同じ図形を並べた中で1つだけ傾けると、変化や動きが出て自然に目が留まってしまうものです。

ほかにも罫線の太さや色を使い分けたり、**余白**（86ページを参照）を使って存在感を演出する手もあります。いずれも単調さや混雑感を解消し、レイアウトにリズムをもたらすことができます。読みやすく洗練された企画書を作るには、必須のテクニックと言えるでしょう。

本文の文字は装飾しない

文章に太字や下線、色文字を使う資料を見かけますが、このような装飾はやめましょう。文章のリズムや紙面のトーンが崩れ、視線の流れが妨げられてしまいます。どうしても使いたいときは、1ページで1、2箇所に限定しましょう。注目させたい用語は、段落内改行して1行で見せるのがおススメです。

▼ 文字サイズでメリハリを出すと、小気味いい印象になる！

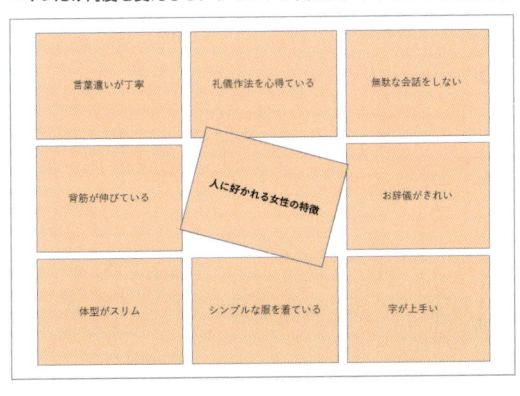

▼ 1つだけ角度を変えるとアクセントが出る。アイキャッチの効果も！

▼ 周囲に広い余白があると、密度の違いで自然視線が集まる！

30 安っぽく見えないように作ろう！

キーワード
情報を削る

レイアウトが安っぽく見えてしまうと、情報の信用性がなくなり、よいアイデアであっても相手の評価が得にくくなります。安っぽくなってしまう原因の大半は、情報の詰め込み過ぎです。情報を削ぎ落として、本当に必要なものだけを入れるようにしましょう。

A Z型のレイアウトで読みやすく

人の視線は左から右、上から下へ動くのが自然です。Z型の流れに沿って要素を配置してあるので、スムーズに読むことができます。項目番号や矢印がなくても、読む方向と各項の関係性が把握できるレイアウトです。

しょうゆの販促企画

背景

国内の販売シェアが伸び悩み

海外での日本のしょうゆの人気は高く、現在では多くの国の食卓に浸透しています。アジア圏はもちろん、北米のように日本の国内売上に迫る勢いの地域もあります。

一方で、国内の販売シェアは思うように拡大せず、少子化と介護時代に向けた対策を急がなければなりません。

内容

ドラマの世界観に当社の商品がある

映画やドラマで食事のシーンは多い。今後、ロードショーされる映画とオンエアされるドラマの食事シーンを切り取り、当社の商品ステッカーを貼り付けます。

あたかもここに当社の商品が使われているかのように見せるポスターを作り、販促に使います。

ドラマの世界観を表現しながら 商品の存在感を訴求する

- 映画タイアップ
- 話題性
- ユニーク
- 共有したい情報

- 身近な食品
- 欠かせない食品

展開

● **街頭ポスターを貼り出す**
映画とドラマの宣伝ポスターにしょうゆのステッカーを貼って話題性を狙います。

● **ステッカーを配布する**
ポスターに貼り付けたステッカーを映画館などで配布し、自由に使ってもらいます。

● **映画の招待券をプレゼントする**
映画の無料招待券をプレゼント。商品に告知シールを貼って購入を促します。

● **SNSで拡散する**
Twitter：日常の中に少しのユーモアを見せて、話題性を狙います。
Instagram：街中で見つけたシーンを写真投稿し、楽しい情報を共有します。
Facebook：思わず共有したくなるネタとして、タグ付けの拡散を見込みます。

B 図解は枠に収めずにフリーな感じで

図解は、イラストと箇条書きでシンプルにして一箇所にまとめました。
イラストの周辺には余分な言葉や図形がなくスッキリしているのに、主旨を解釈する情報に不足感はありません。

情報はぎゅうぎゅうと押し込めずに、余裕を持たせる！

不要な情報を削る

限られたスペースに情報を詰め込み過ぎると、思考が整理されていないようで安っぽく見えてしまいます。キーワードの周りに説明材料を並べるより、何も入れないほうが言葉の想像力が膨らみます。空きを埋めるイラストや矢印を入れるより、あえて空白のほうが開放感と余裕を感じさせます。

レイアウトの安っぽさを解消するには、**必要な情報だけを入れる**ことです。「たくさん入れないと…」という恐怖心に負けずに、不要な情報を見つけ、削除し、渾身の一言を見つけましょう。情報をブラッシュアップすると、薄っぺらい雰囲気はなくなります。

情報をブラッシュアップする

安っぽいのは、深みがないこととイコール。これは上辺の言葉を使っていて、本当に必要な情報を選び抜いていない証拠です。

くどい言い回しや言い当てていない図解、意味がないグラフやスペースを埋めただけの写真は、必要な情報ではありません。このページのこの箇所で言いたい情報、本当に必要な情報だけを選び抜くようにしましょう。

✖ **キーワードや図形が多くてわかりにくい。情報過多は内容がまとまっていないように感じる…**

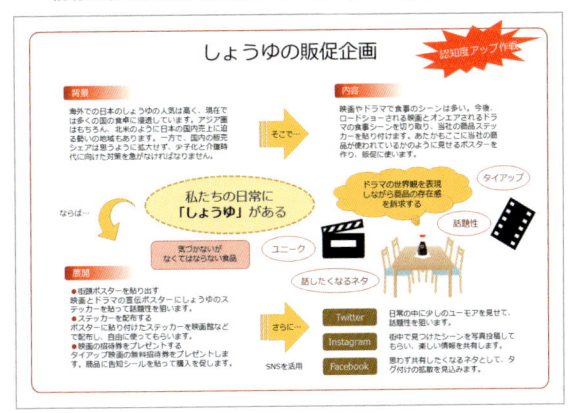

⭕ **文章はそのままなのに、使う図を1～2個に絞り切るだけで内容の見晴らしがとてもよくなる！**

 情報をブラッシュアップする方法

❶ 同じ言い回しをしない

❷ 内容を想像させる見出しを作る

❸ 1行空けて段落に区切りを付ける

❹ 見出しと本文のフォントを変える

❺ 1行の文字数を減らす

❻ なくても困らないグラフや写真を外す

31 情報を表にして賢く見せよう！

ページ
企画書

キーワード
表

上手く説明できないときや図にできないときは、**表**にしてみるといいでしょう。表は情報を的確に整理・分類できるために内容をスッキリ見せられます。読み手に負担をかけないと同時に、資料の作り手にとっても、曖昧な思考を整理整頓するのに役立ちます。

A 総数と国籍別の人数を表にした

本例は2016年の訪日客数をまとめた表です。1行目に全体（総数）、以降は国籍別の内訳人数です。パッと見て、総数の大きい順に並んでいるのがわかります。説明を必要としないのも表のメリットです。

DATA

2016年の1年間に日本を訪れた外国人の人数は、過去最多となる前年比21.8％増の**2,403万9,000人**という結果になりました。
これまで過去最高だった2015年の**1973万7,000人**から約430万人を上回っています。ただし、伸び率では同年の**47.1％**増から大幅に下がっており、成長が鈍化している側面も見られます。

2016年 国籍別/目的別 訪日外客数

国籍	総数	伸率	観光客	伸率	商用客	伸率	その他客	伸率
全体	24,039,700	21.8%	21,049,676	24.0%	1,701,902	3.7%	1,288,122	14.3%
アジア	20,428,866	22.7%	18,253,834	24.4%	1,113,683	5.1%	1,061,349	15.6%
ヨーロッパ	1,421,934	14.2%	1,030,228	18.2%	285,886	2.5%	105,820	11.8%
オセアニア	505,638	17.9%	446,159	20.0%	41,327	3.0%	18,152	5.5%
南アメリカ	77,958	5.1%	60,071	1.6%	10,537	36.7%	7,350	-0.2%
アフリカ	33,762	5.8%	12,783	-7.5%	8,691	27.0%	12,288	9.1%
無国籍・その他	1,122	32.3%	602	14.4%	49	36.1%	471	64.7%

出典：日本政府観光局（JNTO）

B 数字の比較と内訳がわかる

表の横に目を移せば、「観光客」「商用客」「その他客」の内訳があります。本例は数字の比較と内訳がわかる表になります。列数が多いので、縦罫線を引かないようにしました。

読み手に負担をかけず、正確さとわかりやすさを表現する！

わかりやすくしっかり伝わるように

表を作るときは、データの読みやすさ保ちつつ、わかりやすくしっかり伝わるようにする工夫が求められます。装飾する箇所は限られますが、最上行の列見出しを塗りつぶすだけでもアクセントが付き、ずいぶん見やすくなります。ただし、過剰な装飾は逆効果です。

見やすい表を作るポイント

❶ 表内の項目は左揃えにする
　（短い単語は中央揃えもでもよい）

❷ 数値は桁区切りカンマを付けて尻揃えに

❸ 小数点のある数値は、
　小数点以下の桁数を統一する

❹ 行の高さと列幅を同じにして安定感を出す

罫線の引き方で印象を変える

表の印象を決める大きな要素が**罫線**です。縦横の罫線を引き過ぎないことが見やすくするコツです。黒の罫線で格子状に引かないことを原則に、罫線を引く場所と方向を吟味しましょう。表はデータが読めるように「スッキリ」「ハッキリ」作るのが基本なので、豊富な線の種類に惑わされずにシンプルに作りましょう。

罫線をきれいにするコツ

❶ すべてまたは一部の縦罫線を外す

❷ 横罫線だけで表を作ってみる

❸ 線の種類、太さ、色を調整してみる

❹ 表全体を塗りつぶす場合は、
　白色の罫線を引く

❺ セルの塗りつぶしと
　罫線の種類を組み合わせる

▼1行と最下行にだけ太い横罫線を引いてまとめた時系列の表

市場は拡大が続き、客単価も上昇

2017年度のフィットネス事業は、2013年から続く好調な流れを受けて増収、増益基調が続きました。直近の売上高と会員数、客単価は、いずれもこの5年間の最高値を記録しました。
客単価の上昇は、高価格な会員種別への入会者増加と定着率の向上、低単価種別の募集休止、退会者の減少、プロテイン、サプリメント、水素水などの付帯商品の収入増加が寄与しています。

年度	売上高	店舗数	会員数
2013年	21億5,600万円	35	15.3万人
2014年	22億1,200万円	36	16.4万人
2015年	23億2,000万円	42	17.1万人
2016年	24億1,700万円	44	17.7万人
2017年	25億4,500万円	51	18.3万人

▼情報を比較する表は、優越を見せて評価できるようにしたい

▶ 電気使用料金の比較

サンプル店 ：赤坂店
試算月　　：2月
使用料　　：1,800 kWh（15kVA）
新電力　　：B社へ契約変更の場合
条件　　　：初期費用なし／解約時の違約金なし

店舗	月／年	現在（A社）	変更後（B社）	おトク額
1店舗当たり	月	48,925円	46,853円	2,072円
全8店舗合計	月	391,400円	374,824円	16,576円
	年	4,696,800円	4,497,888円	198,912円

▼文章が多いので内側の縦罫線を外し、行間をゆったり取った分類表

オリーブオイルの人気レシピ

タイプ	料理名	特長	材料
ガッツリ系	鶏肉のオリーブオイルパスタ	シンプルでおいしいのに薄たんぱく質。ランチでもご飯でもOK！	オリーブオイル、鳥肉、マッシュルーム、塩、胡椒、コンソメ、葉、パセリ
	豚肉と白菜と蓮根のオリーブオイル炒め	豚肉と白菜、蓮根をオリーブオイルで炒めたシンプルかつ満足のレシピ	豚肉、白菜、蓮根、玉ねぎ、オリーブオイル、コンソメ、クレイゾールルト、胡椒
おつまみ系	蓮根とベーコンのオリーブオイル炒め	シャキシャキ蓮根とカカカリベーコンの触感がクセになる一品	蓮根、ベーコン、オリーブオイル、塩、胡椒
	オリーブオイルとアーモンドの田作り	そのまま食べてもよし、パスタや炒め物に使うもよし！	ホイルだし、にんにく、鷹の爪、ローリエ、オリーブオイル、塩
おしゃれ系	絶品エビのアヒージョ	ワインに合うスペイン料理。残ったオイルもほかの料理に使える	殺げ着き、生唐辛、バジルまたはイタリアンパセリ、オリーブオイル、にんにく、鷹の爪、塩
	鶏肉とトマトのオリーブオイルのホイル焼き	ヘルシーで仲間内でお肉を食べたいときにオススメの料理	鶏肉（むね肉）、玉ねぎ、プチトマト、塩、オリーブオイル、塩胡、クレイゾールト
カンタン系	シラス者オリーブオイルのブロッコリー	すぐに手に入るシラス、お run 、もかざにも合わせられる簡単料理	ブロッコリー、シラス、オリーブオイル、レモン汁、醤油、塩少々
	トーストにオリーブオイル＋メープル＋塩	絶妙に焼いたトーストにかけるだけ。ちょっぴりカフェ気分！	食パン、オリーブオイル、メープルシロップ、塩

Part7 74 表のセル内の余白を調整する ➡ 136ページ参照

32 行内の文字を揃えて美しく見せよう！

キーワード
タブ

どの行を見渡しても、文章の読み始めや項目名の位置がきちんと揃っている。これは読みやすいだけでなく、作り手の心遣いを感じる部分です。行内の文字位置を揃えて読みやすくするには、**タブ**と**インデント**が欠かせません。ぜひ使いこなしてみましょう。

A 1行内の開始位置をきっちり揃えた

Arialの英数字と、游ゴシックの和文が混在していますが、 Tab キーを使って開始位置をきっちり揃えました。読みやすいだけでなく、安心感とデータの信用性も感じ取ることができます。

開発概要

スマホアプリでプロモーション

Facebookを中心にプロモーションを展開

Facebookは実名公開するSNSのため、ターゲット層をつかみやすい傾向があります。ユーザー層が高い一方で、「リア充」を求める若いアクティブユーザーもおり、商品力でファンを獲得してきた御社にとって、マーケティングがしやすいと思われます。

ほかのSNSに比べて、ユーザーの発言回数やタイムラインは少ないものの、実名発言によって信びょう性や確実性は高くなっています。確かな情報は反応を得やすく、宣伝も残りやすいという効果が期待できます。

SNS名	国内利用者数	特徴
LINE	7,000万人	全年齢層に普及する連絡ツール
Twitter	4,500万人	用途で使い分ける匿名性が高いSNS
Facebook	2,800万人	個人データを公開して活動するSNS
Instagram	2,000万人	20代女子に人気の写真SNS

専用アプリ開発でユーザーの掘り起こし

スマホアプリを開発してソーシャルネットワークマーケティングを活用します。熱狂的なファンを中心に口コミを上手く活用して、多くのポテンシャルユーザーへアプローチします。

アプリ開発費明細

要件	単価	工数(人日)	金額
要件定義	50,000	10	500,000
Androidアプリ開発	35,000	60	2,100,000
iOSアプリ開発	35,000	41	1,435,000
APIスタブ作成	20,000	5	100,000
リリース作業	40,000	2	80,000
		小計	4,215,000
		消費税	337,200
		合計	¥4,552,200

2,800万人超へアプローチする450万円の投資

B 表を使って整然と美しくまとめた

ここは表でまとめました。「要件」の明細行の文字は左揃え、数値はすべて右揃えで3桁区切りのカンマを入れています。最終行の「合計」は¥マークを付けた太字です。全体が締まって見えるデザインです。

スペースを入力しないで、タブを使って文字の先頭を揃える！

ルーラーでタブ位置が変更できる

タブは、書き出し位置を「○文字目」に揃えたり、「○文字単位」で配置する機能です。**Tab**キーを押すたびにカーソルがジャンプして、以降の文字の先頭を揃えます。

画面上部の**ルーラー**には、タブが表示されています。この**タブマーカー**を右へドラッグしてタブの距離（文字揃えの幅）を広げることができます。任意の1つを変更すれば、タブの距離は均等に広がります。

▼項目ごとに書き出し位置が揃うと、何行でも美しく見える

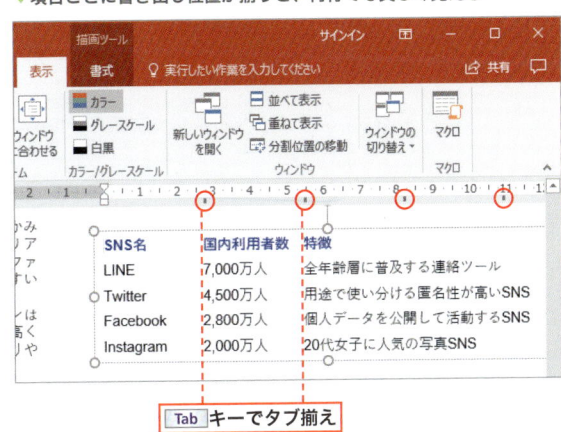

Tabキーでタブ揃え

タブと表を上手く使い分けよう

タブによる文字揃えは便利ですが、「○文字単位」の揃えに収まらない文字が1つでもあると、規則正しく並ばずにデコボコします。1行内の最長文字列に合わせてタブを使うと、間延びして見えます。

そんなときは、タブセレクトボタン└で種類を選んで、項目ごとに中央揃えや右揃え、小数点の位置を合わせる小数点揃えの設定をすることもできます。

ただし、1行内の項目が多いときは、テキストボックスではなく表を使うほうが簡単です。セルごとに配置や装飾ができ、デザインの変更もラクです。罫線の有無や余白の設定まで微妙な調整ができるので、表現する内容によってタブと表を上手く使い分けましょう。

△ タブの揃え機能を駆使してきれいに見せることは可能。見出しやデザインに凝るなら、表で作ろう！

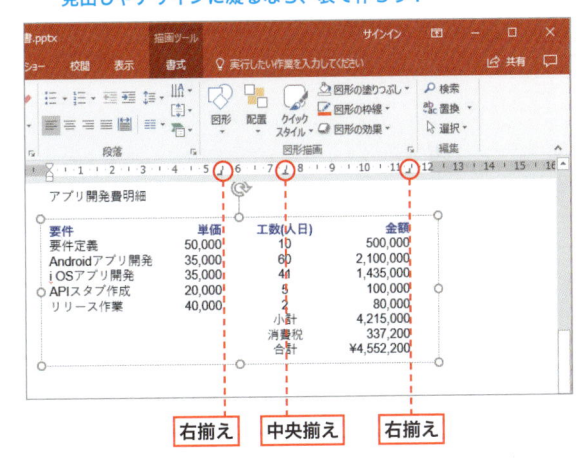

右揃え　中央揃え　右揃え

表内の **Tab** キー

表内で **Tab** キーを押すと、右または下にある次のセルへ移動します。**Shift** + **Tab** キーで前セルへ移動します。表のセル内でタブを入力するときは、**Ctrl** + **Tab** キーを押します。

Part7 59 行内文字の書き出し位置を揃える ➡ 128ページ参照

33 メッセージが伝わりやすい グラフを作ろう！

キーワード
グラフ

数値を見るだけではわからなかった傾向や特徴は、**グラフ**にすると見えるようになります。伝えたいことを直感的に理解してもらうには、グラフは最適なビジュアル要素です。グラフはメッセージを伝えるためのツールですから、詳細さが必要ないことも心得ておきましょう。

A ポイントを押さえてシンプルに

大きく変化した年は？　現在との比較は？　これらがわかればグラフで伝えたいメッセージは網羅していることになります。何年もさかのぼる過去の数値や縦軸は、メッセージと関係ないので省略しました。

販売実績と考察

当社のチョコレート菓子「ブラックスパーク」は、長く苦戦が続いていたものの、**3年前から**口コミで人気が出て一気に主力製品となりました。
人気の理由としては、1個**32円**という安さ、**120kcal**、コンビニ販売などの要素のほか、アスリートの発言と口コミ、ネット拡散が大きな要因です。
その後は、ご当地商品企画、女子受けする味覚の開発、子供向け戦隊ヒーロータイアップが順調に販売量を伸ばしています。

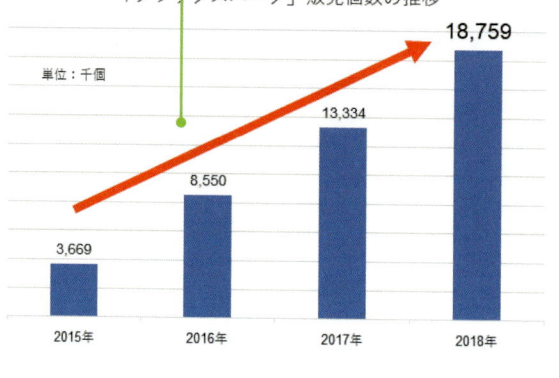

「ブラックスパーク」販売個数の推移

単位：千個

2015年	2016年	2017年	2018年
3,669	8,550	13,334	18,759

3年前の
5倍!

B ひと言でストレートに伝えた

販売個数が著しく伸び始めたのは2016年から。これは3年前と比べて「5倍」の販売量になり、伝えたいメッセージとして一言で表しています。大胆な文字サイズで説得力を高めました。

メッセージに不要な要素を外して、ストレートに伝える！

無関係なグラフ要素は省く

グラフは、メッセージを効率的・効果的に伝えるための手段です。でも教科書的なグラフ、見栄えにこだわるグラフは、企画書には必要ありません。軸や目盛り、データラベルや罫線が、伝えたいメッセージに関係のない要素、ないほうがスッキリ見える要素であれば、遠慮なく省略しましょう。

丁寧過ぎるグラフは、読み手にとってノイズが増えることになります。強調しなくていい数値や装飾は、徹底して目立たせないようにしましょう。ムダを削ぎ落とした簡潔なグラフのほうが、ストレートに伝わります。

メッセージを「ひと言」入れる

グラフを作ったら、伝えたいメッセージを「ひと言」入れておきましょう。そうすることで、内容が読み手にストレートに伝わります。言葉をいくつも並べては逆効果ですから、あくまで「ひと言」にしてください。

例えば、本例であれば「2015年比511%」「前年比40%増」でもいいでしょう。端的な言葉は、読み手に誤解されることがありません。

シンプルなグラフから読み取れる情報は限られるので、必要に応じてプレゼン時に言葉で説明したり、別紙を添えて補足すればいいでしょう。

✗ **数値は、言葉で説明するほど伝わりにくくなる…。考えさせない内容こそ、企画書に求められる見せ方だ**

販売実績と考察

当社のチョコレート菓子「ブラックスパーク」は、長く苦戦が続いていたものの、3年前から口コミで人気が出て一気に主力製品となりました。

人気の理由としては、1個32円という安さ、120kcal、コンビニ販売などの要素のほか、アスリートの発言と口コミ、ネット拡散が大きな要因です。

その後は、ご当地商品企画、女子受けする味覚の開発、子供向け戦隊ヒーロータイアップが順調に販売量を伸ばしています。

「ブラックスパーク」販売個数の推移

年度	販売個数	前年対比
2010年	1,347	
2011年	1,466	109%
2012年	2,100	143%
2013年	2,580	123%
2014年	3,347	130%
2015年	3,669	110%
2016年	8,550	233%
2017年	13,334	156%
2018年	18,759	141%

単位：千個

✗ **几帳面なグラフは焦点がぼけてしまう…。メッセージと無関係な要素を省き、見せる箇所を絞るほうが効果的だ**

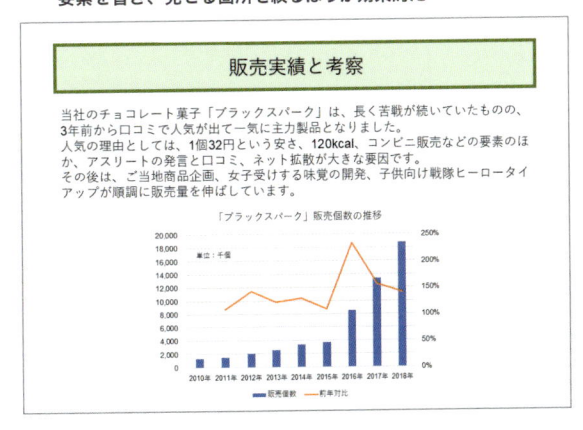

✔ **数字のひと言があると、端的なわかりやすさが出る。狭いプロットエリアでは文章より便利だ！**

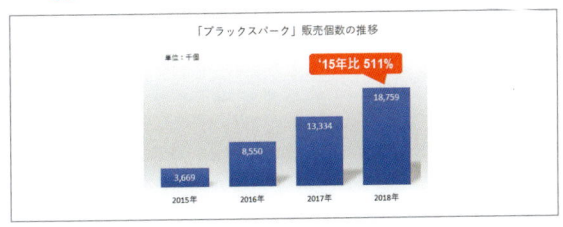

34 読み手の心が動く色を見つけよう！

キーワード
配色

企画書で使う色は、作り手の好みで決めていいように思われがちですが、そうではありません。読み手に「いいね！」と思ってもらうには、色の役割を理解してメッセージを際立たせるテクニックが必要です。読み手の心が動く色を見つけましょう。

A 背景が赤で文字が白抜きでインパクト十分

赤色には「情熱」「活動的」「興奮」「危険」といったイメージがあります。企画内容を衝撃的に伝えるなら、赤をおいて他にはありません。文字を白抜きにして、企画のタイトルを明確にしました。

春夏特売セール企画書

新作アイテム続々追加！

春夏セール&アウトレット

SALE!!
SALE!!
SALE!!
SALE!!

B 驚いた女性の写真を入れて想像力豊かに

左右いっぱいのタイトルだけでも迫力ありますが、驚いた表情の女性の写真を入れて想像力を高めました。表紙に使うことで、以降のめくるページに期待が持てます。

色が持つイメージを生かして、色数を2、3色で抑える！

▷ 色は「ごちゃごちゃさせない」

配色のセンスは大切です。見やすくする配色の基本は、レイアウトと同じで「ごちゃごちゃさせない」こと。多くの色を使うほど、煩雑で不快な印象になってしまいます。

「無用な色を入れない」「余分な色を加えない」ようにしましょう。総じて、色数を減らすと印象がよくなります。

▷ 3色以内でセンスよくまとめる

本来、企画書は読み手が期待する解決策の提案です。読み手の好奇心を高めて、メッセージを上手く理解してもらうには、読み手の期待感をあおる色を選ぶといいでしょう。

また、企画の決裁者が好む色を使ったり、競合他社のイメージカラーを避けるといった配慮があってもいいでしょう。

配色のポイント

❶ 使う色数は2、3色に抑える

❷ 同系色でまとめて濃淡で差異を付ける

❸ 強調したい箇所にだけ濃い色を使う

色選びのポイント

❶ コーポレートカラーを意識して使う

❷ 企画の内容を想像させる色を使う

❸ 前向きな気持ちを引き出すなら、暖色系を選ぶ

❹ 論理的思考に訴求するなら、寒色系を選ぶ

▼「自然」や「エコ」を表す緑色。四季のイメージが伝わる！

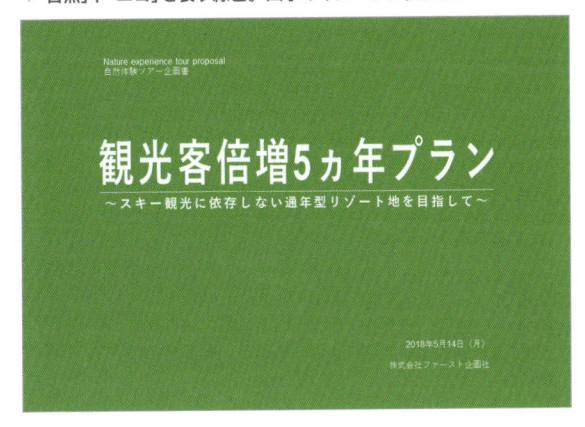

▼「爽やか」「清涼」を表す青色。渓流の写真とベストマッチだ！

会社全体を象徴するコーポレートカラー

コーポレートカラーとは、企業を象徴する色のことです。ロゴマークや製品パッケージ、Webサイトのデザインなど、企業のコンセプトとなる色のことを言います。マクドナルドは黄色、ユニクロは赤色、スターバックスコーヒーは緑色が、すぐに思い浮かびます。

Part7 91 ほかの要素の色を拝借する ➡ 144ページ参照

35 背景は白地が基本と考えよう！

キーワード
背景

色は人の感情に直接的に訴えます。カラフルな**背景**は、一見すると興味を持ってもらえそうです。しかし、読ませたい言葉や見せたいビジュアルが目立たなくなり、メッセージを正しく伝えてくれません。意図して使う場合を除き、企画書の背景は白地が基本と心得ましょう。

A 使った色は濃い青色だけ

白地の背景に文章とグラフを入れたページ企画書の1ページ。上部のタイトル部だけ濃い青を使ってアクセントを付けています。オーソドックスで実用本位のページに仕上げています。

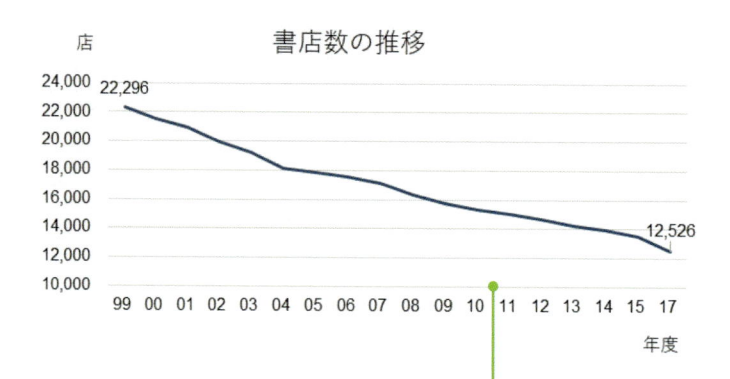

Current Status

▶ ▶ ▶ 書店ファンづくりの戦術

1. 2020年には1万件を割る予測がある。
2. 実際に開店している書店数はもっと少ない。
3. ECサイトの利用頻度は増加している。
4. 大手A社、R社とも前年比増を維持している。

書店数の推移

店

24,000 22,296
22,000
20,000
18,000
16,000
14,000 12,526
12,000
10,000

99 00 01 02 03 04 05 06 07 08 09 10 11 12 13 14 15 17
年度

B グラフは折れ線にだけ色を付けた

グラフの折れ線の色は、やはり濃い青色で統一しました。プロットエリアやグラフタイトルに色を付けると、グラフだけが浮いてしまうので装飾はしていません。シンプルですが読みやすいはずです。

背景は白地がベストだが、使い方に注意すれば色ベタもOK！

……〉背景は白地か薄い色を使う

企画書の**背景は白地を基本**にしましょう。白地に黒文字の組み合わせは、最もコントラスト（色の対比）がハッキリして読みやすくなります。オーソドックスですが、失敗がありません。

一方、イメージを優先したい場合は、薄めの色を背景全体に使うか、一部の面積を色で塗りつぶしてアイキャッチとして使ってみましょう。濃い色を使う面積を増やさなくても、読み手にテーマカラーを意識させることが可能です。

……〉色ベタ背景は使い方に注意を

スクリーンに投影するスライドや、パソコンの画面で見るだけの企画書では、相手にインパクトを与える程度に背景を塗りつぶすことも悪い使い方ではありません。ブランディングを意識した企画書で背景にテーマカラーを使えば、プレゼンが効果的になります。

紙による企画書では、紙面にメモを書き込む人もいます。背景を色ベタにするとそれができませんので、表紙や中扉、タイトルだけの1ページに限定して使うといいでしょう。

✘ 背景を色ベタすると、迫力は出るが文字が読めなくなることも…。紙出力では避けたいパターンだ

△ パワポにはテーマデザインが用意されているが、意外と陳腐で「またか」と思われるので、あまりおススメしない

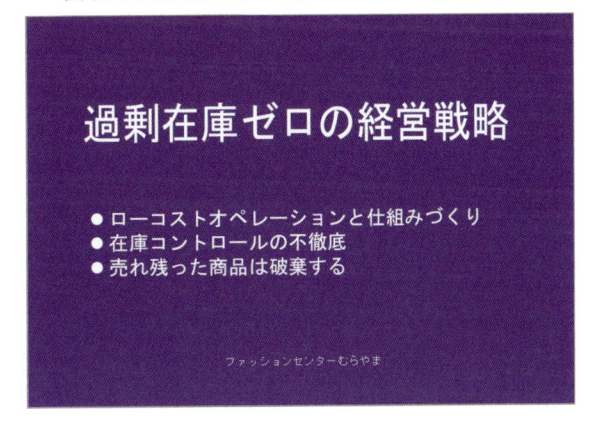

イイ感じの配色になる「70・25・5の法則」

一般にバランスがよい配色と言われるのが、「70・25・5の法則」です。これは紙面に対して、**ベースカラー**と**メインカラー**、**アクセントカラー**が占める割合のこと。

基調となる**ベースカラー**は背景や余白部分に当たり、フラットデザインでは主に白が使われます。**メインカラー**は紙面の雰囲気を決める色で、「自然を感じさせたい」「情熱的に見せたい」とか、コーポレートカラーなどで決めます。**アクセントカラー**は全体にアクセントを与え、印象を引き締める役割を持ちます。厳密に計算する必要はありませんが、全体を眺めてその割合が感じられる程度で判断してみましょう。

ベースカラー　　メインカラー　　アクセントカラー

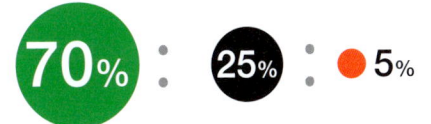

写真を使って意図を明確にしよう！

ページ企画書

キーワード
写真

企画書に写真が入ると、メッセージをより強く表すことができます。写真の最大の特長は、リアリティです。事実をありのままに伝えるため、読み手が瞬時に理解できます。商品や人物、街角や自然といった写真からは、実態や雰囲気、傾向が即座に感じ取れます。

A リアルなイメージを伝える

店の写真を添えて、コンセプトのイメージを膨らませました。可能な限り、内容に合致する雰囲気の写真を選びましょう。ネット検索で手に入りますが、著作権を確認して使いましょう。

新業態の居酒屋の提案

コンセプト

「お一人様」が気軽に食事ができ、短時間で「ちょい飲み」する場所としてもお酒を楽しめる新業態の居酒屋の提案です。

当社の強みである店内調理や料理法、産地にこだわった本格的な東北料理を提供します。1人前540円から楽しめる「地元鍋」や、本店伝承の「一口餃子」を看板商品にします。

近年の未婚と晩婚化、高齢化による核家族化、仕事の勤務形態・勤務時間の多様化などで、複数の人が一緒に行動する機会が減少しています。「お一人様」飲みや短時間の「ちょい飲み」ニーズに応えた新しい業態の店舗を提供します。

自分で撮った写真で訴求する B

理想とする雰囲気やレイアウトの店があれば、自分で撮影してきて見せるのもいいでしょう。企画の説得力が高まるとともに、読み手の意見を引き出すきっかけにもなります。

写真を使ってリアルなイメージを伝え、想像力を広げてもらう！

⋯⋯▷ 間違った写真を使わない

文章だけでは素っ気ない企画書も、写真を入れるとデザインが映えて内容を直感的に伝えられます。文章力を必要としない写真は、使い勝手のよい情報要素ですが、漠然と使うだけでは何の効果もありません。

まずは、**間違った写真を使わない**ことが基本です。「そのものズバリ」の写真は読み手のイメージを固定するので、内容に合わない素材が写っていると正しく情報が伝わりませんし、誤った解釈をされてしまいます。内容に合った写真を使ってください。

⋯⋯▷ 意味のない場面では使わない

写真は、**意味のない場面では使わない**ようにしましょう。文章しか入れる要素がない。見た目が淋しい。派手さが欲しい。こんな理由で「写真を入れておこう」と考えるのは危険です。

ビジュアルやインパクトを意識するあまり、むやみに写真を使うばかりでは読み手が混乱するだけです。

企画書の中の写真は、読み手に内容を理解してもらうためのイメージ（画像）です。

メッセージが強く意識できる。想像力が駆り立てられる。そんな適切な写真を、適切な場面で使うことが大切です。

✖ **内容にそぐわない写真を入れても、目の保養にすらならない。企画の評価がガタ落ちになるだけだ…**

新業態の居酒屋の提案

コンセプト

「お一人様」が気軽に食事ができ、短時間で「ちょい飲み」する場所としてもお酒を楽しめる新業態の居酒屋の提案です。

当社の強みである店内調理や料理法、産地にこだわった本格的な東北料理を提供します。1人前540円から楽しめる「地元鍋」や、本店伝承の「一口餃子」を看板商品にします。

近年の未婚と晩婚化、高齢化による核家族化、仕事の勤務形態・勤務時間の多様化などで、複数の人が一緒に行動する機会が減少しています。「お一人様」飲みや短時間の「ちょい飲み」ニーズに応えた新しい業態の店舗を提供します。

⭕ **複数の写真を使って理想とする店のイメージを伝えると、読み手もポイントが整理できてわかりやすい！**

新業態の居酒屋の提案

コンセプト

「お一人様」が気軽に食事ができ、短時間で「ちょい飲み」する場所としてもお酒を楽しめる新業態の居酒屋の提案です。

当社の強みである店内調理や料理法、産地にこだわった本格的な東北料理を提供します。1人前540円から楽しめる「地元鍋」や、本店伝承の「一口餃子」を看板商品にします。

近年の未婚と晩婚化、高齢化による核家族化、仕事の勤務形態・勤務時間の多様化などで、複数の人が一緒に行動する機会が減少しています。「お一人様」飲みや短時間の「ちょい飲み」ニーズに応えた新しい業態の店舗を提供します。

▢ **Part7 73 表スタイルを適用する** ➡ 135ページ参照

37 具体的な数字を印象的に見せよう！

キーワード
数字

企画書の中の**数字**（数値）は、現状や根拠、目標や計画などあらゆる説明で使われます。数字は誰でも理解できる情報なので、すべての人に同じ内容が伝わります。数字を出すと具体的になって誤解は生じません。パッと直感でつかんでもらうには最適な言葉と言えます。

A 66ポイントのサイズで大胆に見せた

男性と女性の比率をアピールするページです。数字は66ポイントのサイズなので、インパクト十分。単位の「%」だけ文字サイズを下げています。数字は黒ではなく、灰色にしてウエイトを弱めています。

Potential Market
潜在市場

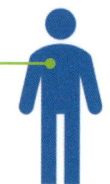 男性

 女性

23.4% 　 14.1%

この数字は2015年度の生涯未婚率です。晩婚化（結婚の遅れ）や非婚化（生涯結婚しない人）の増加により、この数値がさらに高くなることが予想されています。この数値は結婚を諦めている人ではなく、結婚したい人が多数含まれています。上昇を続ける生涯未婚率は、「まだ結婚しなくて大丈夫」と考えている人が多いことも要因の1つです。将来的な市場価値は大きいといえます。

出所：国立社会保障・人口問題研究所「人口統計資料集（2014）」

B アイコンを並べて直感に訴えた

男性と女性のアイコンを数字と並べることで、インパクトあるわかりやすい紙面にしています。色分けしていますので、性別の違いと数字との関連性が直感で理解できるはずです。

具体的な数字とひと手間の加工で、印象的に見せる！

数字で具体的に表す

「ほぼ半分」「若干高い」といった表現はあいまいですが、「45人」「23％」という数字は具体的です。具体的な数字は誤った解釈をされずに、誰にでも一瞬で正しく伝わります。

数字を使うと訴求力は高まりますが、ただ使うだけでは他の情報に埋もれてしまいます。数字を大きく目立たせた上で、読み手の印象に残るように見せる工夫も必要になります。

左ページの例では、アイコンと性別、80ポイントの文字サイズを一体化して並べ、一瞬で理解できるようにレイアウトしました。

訴求力が出るように数字を使う

右上の円グラフの作例は、年代別の内訳比率です。「40代と50代で63％」という言葉を添えて、数字データを印象付けました。その際、円グラフの12時の位置が「40代」の要素から始まるように、基線位置も変更しています。

右下の作例は、比較することでメニューの価格をクローズアップした例です。数字を並べて比較すれば、金額や量の多寡が一目瞭然になり読み手の負担が減ります。

このように数字を使うだけでなく、色や図形を組み合わせたひと手間の加工をすることで、数字がより効果的に見えるようになります。

数字をどのように見せるかは、企画書に説得力を持たせる要諦ともいえるでしょう。

▼円グラフの要素の並びを移動し、「63％」という数字を印象付けた

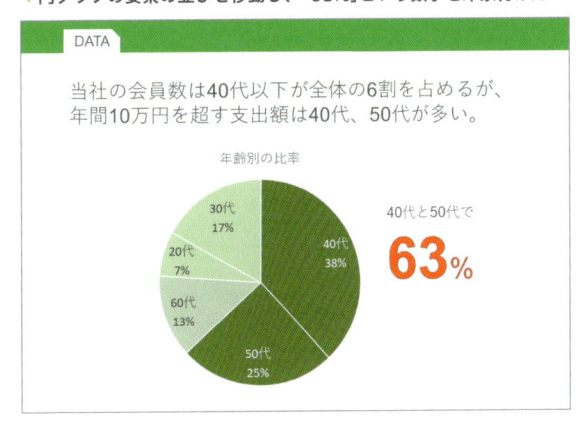

▼具体的な数字を比較することで、企画のエッセンスを明確にした

相手の環境を考えて、フォントを埋め込んだファイルを渡す

フォントの埋め込み

　作成した資料をメールに添付して、相手に見てもらうことは少なくありません。企画書などの気合いの入った資料なら、美しいレイアウトにこだわり、気の利いたフォントを使うことでしょう。

　しかし、ファイルを渡した相手のパソコンに使用したフォントがインストールされていなければ、せっかくこだわったフォントが表示されません。代替フォントになったり、レイアウトが崩れてしまいます。これを避けるには、**フォントを埋め込んで**渡すようにしましょう。

　［ファイル］タブの［オプション］から［PowerPointのオプション］ダイアログボックスの［保存］ボタンをクリックします。［ファイルにフォントを埋め込む］のチェックをオンにし、［使用されている文字だけを埋め込む（ファイルサイズを縮小する場合）］がオンになっているのを確認してください。

　レイアウトが崩れることはありませんので、完成データとして渡したいときに最適です。ファイルを編集する可能性があるときは、サイズは大きくなりますが、［すべての文字を埋め込む（他のユーザーが編集する場合）］をオンにすることをオススメします。

　なお、すべてのフォントが埋め込みできるわけではありません。気になる人はフォントの「プロパティ」を選択して、「フォント埋め込み可能」で確認してみましょう。

▼［ファイルにフォントを埋め込む］のチェックをオンにして指定する

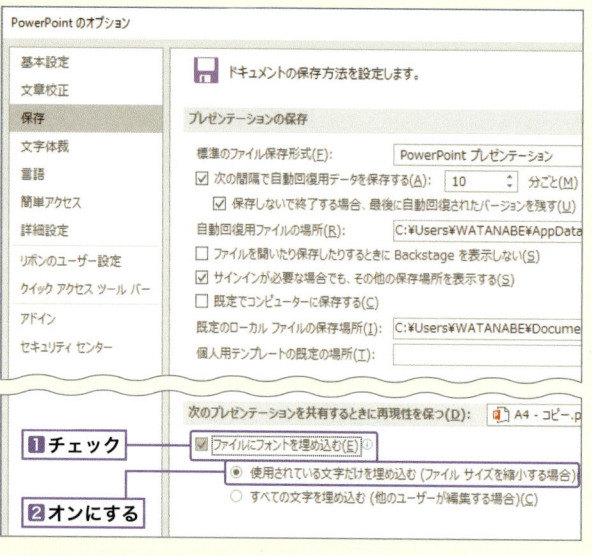

▼各フォントの「プロパティ」で埋め込みの可否が確認できる

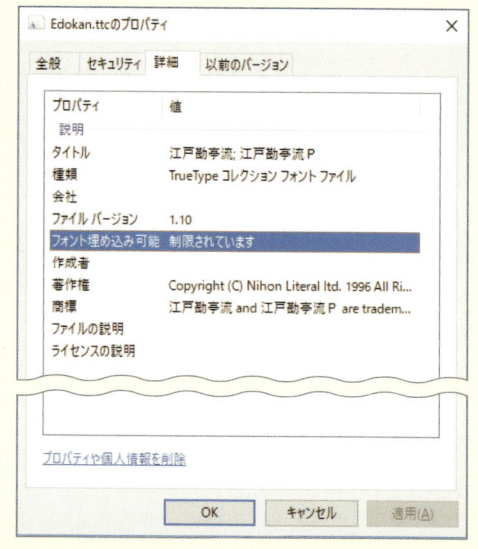

フォント埋め込み可能	ほかのパソコンを開いた場合に起こることなど
制限されています	フォントの埋め込み不可。ほかのパソコンで開くと、代替フォントに置き換わる。
プレビュー /印刷	フォントの埋め込み可。ほかのパソコンでは「読み取り専用」で開く必要がある。編集する場合は、埋め込まれたフォントを破棄しなければならない。
インストール可能・編集可能	フォントの埋め込む可。ほかのパソコンで編集することができる。

Part 5

「イイ感じ」に思わせたい。
ディテールに配慮してデザインしてみよう！

企画書に美しいレイアウトは必要ですが、不可欠ではありません。広告デザインのような企画書が「通る」ルールなんてありません。短い時間で内容を評価してもらうビジネス資料は、「すっきりさせる」「印象的に作る」「直感的に見せる」ことの方がはるかに重要です。

余白や整列といった基本的なテクニックを使って、「イイ感じ」のレイアウトを作りましょう。

38 安定感のある シンメトリーで作ろう！

ページ
企画書

キーワード
シンメトリー

企画書のレイアウトは、**シンメトリー**を基本に考えるといいでしょう。シンメトリーは、真ん中に中心線を引いて左右対称になる構図のこと。左右の同じ位置に文章や見出し、ビジュアル要素が配置されるため、安定感と秩序が感じられるようになります。

A 田の字型レイアウトで完璧なバランス

上下左右2段の田の字型レイアウトです。全体が均等なスペースを保っており、絶対的な安定感とバランスがあるのが特徴です。左上ブロックはリード扱いなので、色で塗りつぶして少し変化を出しています。

組織や会社、日本といった枠組みを超えて、世界を舞台に新しいビジネスを創造するリーダーのための海外研修

▶ 特長1
語学からマネジメントまでニーズに応じた研修を企画・実施できる。

エグゼクティブ
海外研修

▶ 特長2
クオリティと期間を自由に設定できるこだわりのカスタマイズが可能。

▶ 特長3
世界各国から集まる多様な人材と刺激的で将来的な交流ができる。

B 中央のタイトルとのバランスが絶妙

タイトルを中央に置いたことで、一層どっしりした安定感を生んでいます。
整然と並んだ4つのスペースは、中央のタイトルとの関係性が強まって、自然とタイトルに目線が誘われます。

シンメトリーを使って、シンプルで美しいデザインにする！

……▶ シンメトリーで安定感と秩序を出す

内容がキッチリと収まっている様子は、その情報が信頼できる印象を与えます。シンメトリーは、企画書をはじめとしたビジネス資料に最適な構図といえるでしょう。

シンメトリーを作るには、上下（左右）の中央にメインのタイトルや写真を置き、そこを起点に見出しや本文、図形などの情報要素を対称となる位置に順次配置していきます。

グリッド線や**ガイド**を表示したり、**スマートガイド**（要素をドラッグするときに表示される点線のガイドライン）を使ってレイアウトすると、作業がしやすくなります。

……▶ 少しだけ変えて 変化を出すこともできる

シンプルでエレガントなシンメトリーですが、単調な構図なので「インパクトに欠ける…」「単調だ…」と感じるときがあります。

そんなときは意識して一部の構図を崩して、**アシンメトリー**（左右非対称）にしてみましょう。レイアウトに少しの変化が加わり、緩やかな動きが感じられるようになります。

シンメトリーのレイアウトが続くページ企画書では、1ページだけアシンメトリーにしておくと、それだけで読み手は「おやっ？」と感じることでしょう。

しかも、そこに決定的なキーワードを用意しておけば、視線を誘導することで記憶に残るページにさせることができます。

▼完璧なシンメトリーのレイアウト。安定と安心を感じる！

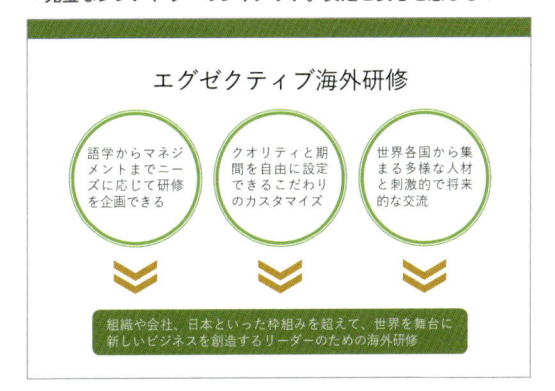

▼見出しの位置を変えてアシンメトリーにするだけで、変化が出る！

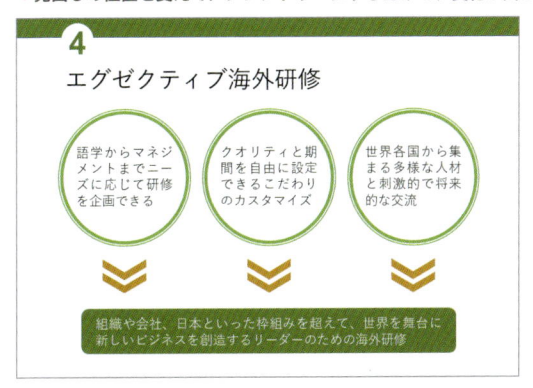

▼1点を中心にして回転させる点対称シンメトリーも面白い！

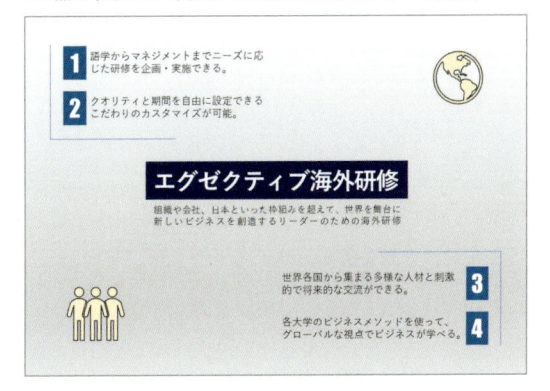

⎘ **Part7 96** グリッド線とガイドを表示する ➡ 147ページ参照

39 「イイ感じ」のゆとりと緊張を作り出そう！

キーワード
余白

「イイ感じ」のレイアウトにするには、余白を理解しておく必要があります。**余白**とは意図的に何もない部分を作り、バランスや雰囲気をコントロールするものです。余白を広く取ると、落ち着いた静かな印象になり、余白を狭くすると、にぎやかな印象になります。

A 見出し周りの余白が開放感を生む

見出しと説明文の区切りに波線を引いています。見出し周りの余白が各項を区分けし、1つひとつの段落が読み切れるような印象を与えています。右ページの×の例と比較して違いをみてください。

第3回「お菓子レシピコンテスト」

「ポテトチップス」を使ったレシピ

企画の主旨

当社は一昨年から「お菓子レシピコンテスト」を募集しており、毎年、全国各地から数多くのレシピが寄せられています。スナック菓子で料理を作る楽しさや、家族や友人、知人とのコミュニケーションづくりに役立っています。

募集のテーマ

もはや「国民食」と言ってもいいほどの人気を誇るポテトチップス。最近はリゾットにしたり、ツナ缶と和えるといった新しい発想のレシピが人気です。今までになかったオリジナルなレシピをネットで募集します。

応募の方法

1. 料理の作り方（400字以内） 2. 料理の写真 3. 「作る楽しさとエピソード」について（400字以内） の3つの情報を添えて、氏名・年齢・住所・電話番号・e-mailアドレス・このコンテストを知った理由を記入して、当社Webサイトから応募していただきます。

コンテストの内容

- 審査委員長　　　　　料理研究家　久木田梅桜氏
- 応募期間　　　　　　平成30年4月1日(木)〜4月31日(土)
- 表彰内容　　　　　　大賞1名・優秀賞1名・企画賞1名
- 当社商品を使用する必要はありません。
- 審査に関するお問い合わせにはお答えしません。
- 応募内容は当社のホームページやレシピ本で公開し、当社の広告活動に利用する場合があります。

B 写真を小さくして余白を作った

写真を小さくして余白を作り、開放感を出しました。右側にすべての情報をまとめているので、スカスカした感じはありません。写真に枠のデザインを施し、少し傾けて動きを演出しました。

余白を効果的に使って、主役となる要素を目立たせる！

余白は大切なデザインの要素

余白は、要素のない場所が勝手にできるスペースではなく、埋めなくてはいけない場所でもありません。文章や写真、グラフと同様に作り出す場所であり、**大切なデザインの要素**なのです。意図的に余白を作ることは、読みやすいレイアウトにつながるだけでなく、配置した情報要素の優先順位をハッキリさせて、読み手の視線をメインの要素へ誘導してくれます。

余白を生かしてメッセージを磨く

余白を広く取ると高級感やゆとりが出て、狭くするとにぎやかさや緊張感が生まれます。ゆとりと緊張感を作る余白は上品なイメージや空間、奥行きを作り出すことができますので、余白の使い方一つで強いメッセージを放つことが可能になります。

余白は文章や段落間にも作れます。例えば、

①**段落の始まりを一字下げる**

②**段落間を行間以上に空ける**

③**見出しと本文は一行空ける**

といったことをすると、適度な余白が生まれて読みやすくなります。

細部においては、わかりやすさを優先して、その都度、判断すればいいでしょう。

余白を作るメリット

❶ 高級感やハイクオリティ、
洗練された印象が強くなる

❷ 余白を対比させることで、
要素の密度を高く見せられる

❸ 余白を生かすと、
文章や写真などの使用要素が際立つ

✘ 写真とともに見出しの図形の面積が多い。
意味のない円も多く、一層混雑したレイアウトになっている…

✘ 微妙な余白があちこちに散乱していると、目移りして視線が定まらず、落ち着きのない印象になってしまう…

40 余白を活用して さりげなく強調しよう！

キーワード
余白と強調

企画書には「ここだけは覚えてもらいたい」という箇所があるものです。主役として目立たせたいキーワードや写真の周囲に十分な余白を取ると、パッと視界が開けるように差別化され、強く印象に残るようになります。**強調したい情報の周りを空ける**ようにしましょう。

右側に大きな余白を取った

右側に大きな余白を取りました。全体からゆったりとした感じ、洗練された感じが出ています。上品やゆとりでページを訴求するなら、大胆に十分な広さの余白を取ってみましょう。

A

出勤 × 健康

企画背景

毎日の出勤で健康になる。

東京都内に勤務するサラリーマンの「通勤」に関する調査によると、自宅から会社までの片道の通勤時間の理想は35分であるのに対し、実際は平均58分、過半数が1時間以上かかっているといいます。
電車通勤中にしていることは、1位「読書」、2位「ニュースサイトを見る」、3位「寝る」となっており、通勤時間が80分を超えると、「寝る」人の割合が急増しています。

朝の通勤時間は、一日を積極的に生きるウォームアップ・タイムであるべきです。貴重なこの時間を自分に合った方法で過ごしていただくために「出勤×健康」をコンセプトにして商品販促を展開します。
電車内で読む書籍と音楽、出勤方法の1つである自転車、そしてファッション。この3つの業種からコラボ企業を選び、同じコンセプトで商品の販促を行います。

B

文章は密度を高めてメリハリを付けた

右側の余白により、「出勤×健康」のキーワードが強調されています。「企画背景」の文章は、左下にまとめて配置しているので、密度が高まってメリハリの効いた印象になっています。

余白と密度を計算して、企画書内の主役の情報を強調する！

余白で主役の要素を強調する

自分の考えを述べる企画書は、どうしても多くを語りたくなります。しかし、多くの情報の中から"大切な言葉"を見つけ出してもらうのは、読み手に不親切です。詰め込まれた情報は、近い距離で互いに主張し合うため、余計に見にくくなるものです。

そこで、**余白という適度なクッション**で読み手の目を休ませてあげましょう。密度の緩急を付ける余白は、主役の情報要素を強調し、すぐに見つかるように手助けしてくれます。

余白があると強調できる

余白は一箇所にまとめて作るとメリハリが付き、読み手の視線をスムーズに誘導できます。関連する複数の要素をまとめて見せたいときも、近くに配置してほかのグループの境界に広い余白を取ると、読み手は無意識にグループを区別できるようになります。

デザインにおける余白（ホワイトスペース）は、その広さや形によって全体のイメージをコントロールするものですが、企画書においては「読みやすく」「わかりやすく」するためのテクニックです。

まずは、「空いたスペースを文章や図で埋めない」「目立たせたい言葉や画像の周りに広い余白を作る」ことを基本に使いましょう。

また、どうしても削れない文章があるときは、「テキストボックスの上下左右の余白を狭く」して押し込んでください。

〇 どうしてもグラフなどを入れたいときは、下方に控えめに入れて余白による上品さを崩さないようにしたい！

〇 左右に広い余白を取ると、視線は自然と中央に集まる。全体に余白を多く取って、落ち着いたシックな印象に！

〇 極端に余白を広くすると、そこが孤立してより強調される。注目キーワードに誘い込むテクニックだ！

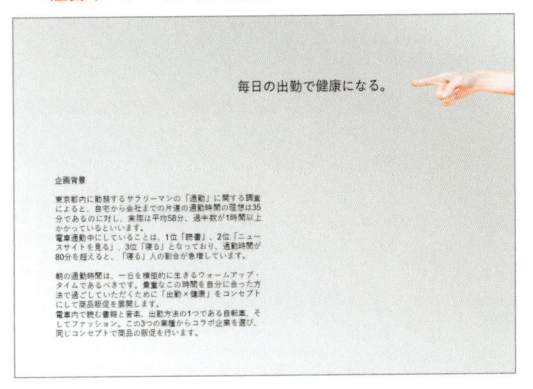

Part7 **63** テキストボックスの余白を調整する ➡ 130ページ参照

41 最適な行間を見つけて 雰囲気を変えよう！

キーワード
行間

文章や紙面全体の雰囲気は、**行間**のサイズによって大きく変わります。じっくり読んでもらいたいときは、行間を広げて落ち着いたテイストにするといいでしょう。逆に、1行の文字数が多いときや大きな文字サイズのタイトルは、行間を狭めると締まって見えます。

A

行間を1.5行に広げた

本文は游ゴシックの24ポイントです。標準の1行の行間では狭く感じるので、1.5行に変更しました。右ページにある×の例と比較して、違いを感じてみてください。

企画の狙い

自分を見つけるサイト

　商品のコアターゲットは、就活学生と新社会人です。この層を意識して、ソーシャルネットワークに接続するだけで、簡単に自己分析ができるネットサービスを提供します。

　診断系コンテンツは、誰でも一度は試してみたくなります。自分の性格や自分に適した仕事を分析し、さらにその結果をシェアする。それを見て友人を作る。広がりが期待できるコンテンツです。

　御社の男性用化粧品が提案する「大人スタイリング」のコンセプトと重なる部分が多く、プロダクトの認知度と好感度が上がることでしょう。

3

全体がゆったりして安心感がある

かなり広く取った行間により、全体がゆったりとして安心感が出ています。一字一字が読みやすく、文字を目で追うのもラクです。読み手にとっては、じっくり読み込むことができるはずです。

B

狭過ぎず広過ぎない、美しく感じられる行間を見つける！

最適な行間は条件で変わる

パワポの行間とは、「前行の文字の上部」から「次行の文字の上部」までの距離のことです。つまり、「文字サイズ+前行と次行の空き」が行間になります。例えば、文字サイズが11ポイントのとき、行間を11ポイントに設定すると、前行と次行が重なり合う行間になります。

最適な行間は、使用する文字サイズや行の長さ、文章量によって異なります。1行の文字数が少ない場合は、行間が狭くても違和感がないこともあります。読みやすさを確保しつつ、美しく感じる行間を見つけてください。

行間を細かく指定できる

行間は、［ホーム］タブの「段落」の［行間］から［1.5］行などを選択すれば簡単に広がります。行間を細かく設定したいときは、［段落］ダイアログボックスで指定してください。

総じて、行間は1文字分の高さより少し狭いくらいの値、具体的には文字サイズの170%程度（約1.7文字分）にするか（「行間」の［倍数］にある「間隔」）、2～6ポイント大きいくらいの値（「行間」の［固定値］にある「間隔」）を目安にするといいでしょう。

▼［段落］ダイアログボックスの［インデントと行間隔］タブにある「間隔」で行間を指定する

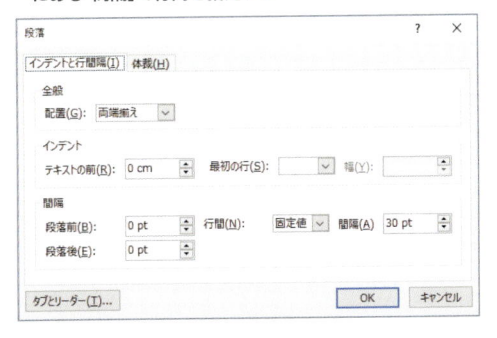

▼「行間」とは「文字サイズ+前行と次行の空き」のこと

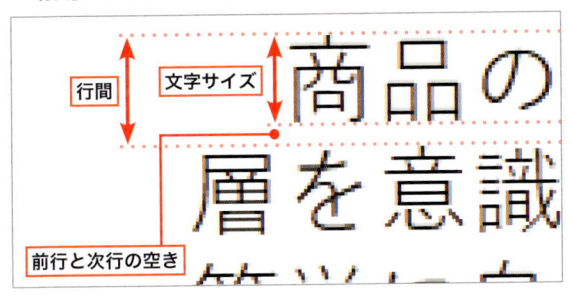

✕ 24ポイントの標準（1.0）行だが、少し狭く感じる。段落間隔を広げるか、見出し行の下を1行空けたいところだ…

企画の狙い

自分を見つけるサイト

　商品のコアターゲットは、就活学生と新社会人です。この層を意識して、ソーシャルネットワークに接続するだけで、簡単に自己分析ができるネットサービスを提供します。

　診断系コンテンツは、誰でも一度は試してみたくなります。自分の性格や自分に適した仕事を分析し、さらにその結果をシェアする。それを見て友人を作る。広がりが期待できるコンテンツです。

　御社の男性用化粧品が提案する「大人スタイリング」のコンセプトと重なる部分が多く、プロダクトの認知度と好感度が上がることでしょう。

3

⭕ 「行間」の［固定値］の「間隔」を［30pt］にした例。行間が広がってゆとりが出た。安心して読める雰囲気がある！

企画の狙い

自分を見つけるサイト

　商品のコアターゲットは、就活学生と新社会人です。この層を意識して、ソーシャルネットワークに接続するだけで、簡単に自己分析ができるネットサービスを提供します。

　診断系コンテンツは、誰でも一度は試してみたくなります。自分の性格や自分に適した仕事を分析し、さらにその結果をシェアする。それを見て友人を作る。広がりが期待できるコンテンツです。

　御社の男性用化粧品が提案する「大人スタイリング」のコンセプトと重なる部分が多く、プロダクトの認知度と好感度が上がることでしょう。

3

Part7 66 文章の行間を変更する ➡ 132ページ参照

42 主張が明確になるように 要素を配置しよう！

ページ 企画書

キーワード
配置

キーワードや図式、写真や罫線など、いろいろな要素を使う企画書は、漠然とレイアウトしてはいけません。誰でもわかるルールの下で、「意味が正しく伝わる」ように情報要素を**配置**しましょう。情報の配置だけで意味がつかめれば、企画書の評価が高くなります。

A 全体は左から右へ、最初の項は上から下へ

本例は、左から右へ流れるサービス内容の解説です。最初の「サポート開始準備」では、3つの項目が順番に行われることを矢印の直線を使って縦方向にまとめました。

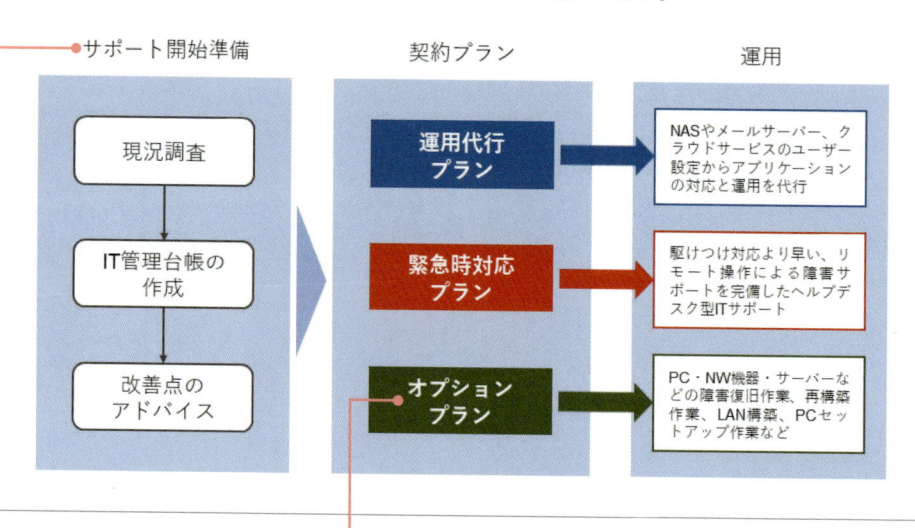

中小企業向けのITサポート

中小企業のIT業務とIT資産を守るために必要なサポートを低コストで実現するサービスです。専任の社内SEやIT管理者を置かずに、情報システム部門を代行したり、障害時の緊急対応を行います。PC台数ごとに月額料金を設定したり、各種オプションを用意し、お客様の都合に合わせた契約を可能にします。

サポート開始準備　契約プラン　運用

現況調査 → IT管理台帳の作成 → 改善点のアドバイス

運用代行プラン → NASやメールサーバー、クラウドサービスのユーザー設定からアプリケーションの対応と運用を代行

緊急時対応プラン → 駆けつけ対応より早い、リモート操作による障害サポートを完備したヘルプデスク型ITサポート

オプションプラン → PC・NW機器・サーバーなどの障害復旧作業、再構築作業、LAN構築、PCセットアップ作業など

色分けで識別しやすくした

B

「契約」プランは3つ。それぞれが「運用」で行う内容をブロック矢印で関連付けしています。各プランが一見して識別できるように、四角形、ブロック矢印、枠線をセットで色分けしました。

読み手が安心でき、内容がわかるように要素を配置する！

習慣に合った配置の仕方で

情報要素の位置や使い方を間違えると、伝えたい内容と表現されている情報にギャップが生じて、意味が正しく伝わらなくなります。

私たちが日ごろ経験している暗黙のルールに従って、要素を配置するようにしましょう。

それには、関係の強いものは近くに、弱いものは遠くに置くといったように、社会通念に照らし合わせて配置することです。

現状と目標の数値を並べる場合、左がいま、右が未来になるべきです。逆だと、習慣に合わないために落ち着かなくなります。

要素の関係性を明確にする

企画書の図式には、四角形と罫線がよく使われます。適切な使い方は、多くの表現力を可能にします。例えば、太い矢印は取引量が多く、細いと少ない、破線で描けば「取引予定」を表すこともできます。

また、同じ色の四角形は系列会社や同業者を表し、異なる色なら異業種さえ表現できます。

社会通念や習慣に合わせた上で、「この距離は…」「この直線は…」「この並べ方は…」と、企画書で表現するルールを明確にしておきましょう。要素の関係性をハッキリさせれば、自ずと伝えたいことが明確になります。

▼ 図形を置く位置を変えるだけで、時間の経過が把握できる！

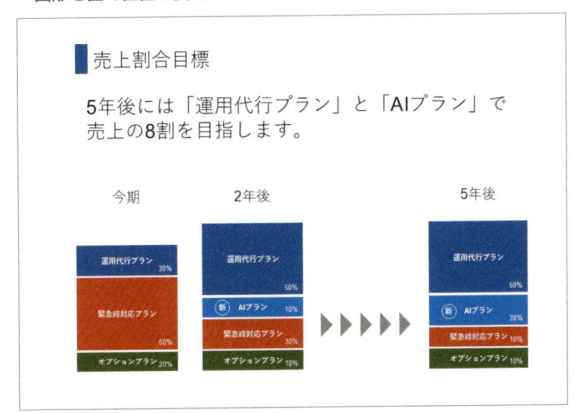

▼ 太い線は増加、細い線は減少、破線は予定を表している！

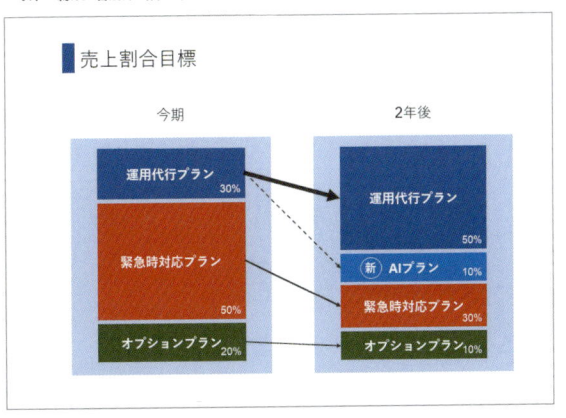

要素とかたち	関係性が強い	関係性が弱い
距離	近い	遠い
線	太い	細い
サイズ	大きい	小さい
形状	同じ種類	異なる種類
色	同じ色、同系色	異なる色、反対色

方向	主な表現内容
左から右	順序、大小、並列、比較
上から下	順序、大小
円右周り	現在から未来、ポジティブ
円左回り	現在から過去、ネガティブ

43 1ミリのズレもなく ピッタリ揃えよう！

キーワード
整列

レイアウトの基本は、文章や図形といった要素の位置を揃えることです。各要素が規則正しく並んでいると、きれいに見えるだけでなく、安心感や内容の信頼性が生まれます。「何を」「どこに」揃えるかの規則性を持たせて、1ミリの狂いもなくきっちり<mark>整列</mark>させましょう。

A 完璧に揃えた美しい配置

三者の関係性を説明しています。要素ごとにサイズと色を揃え、完璧に配置しました。円とブロック矢印のサイズも揃っており、整然とした印象を与えています。

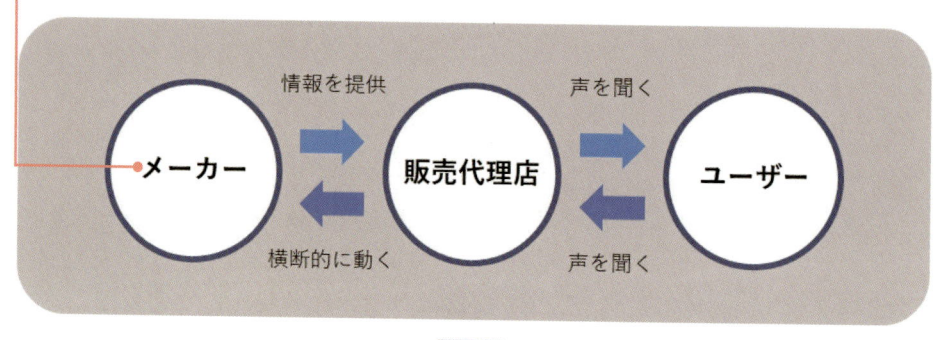

仕組みと役割
PLOT AND ROLE

情報を提供　　　　　　声を聞く

メーカー　　販売代理店　　ユーザー

横断的に動く　　　　　声を聞く

情報を交換・共有する
ユーザー情報誌

p Magazine

メーカーと販売店、ユーザー間でコミュニケーションを取る手段が「ユーザー情報誌」だ。製品に対するユーザーの意見や活用術を紹介したり、新製品やイベント情報を提供することで、三者が有用な情報を入手・発信できるようになる。

全項目の関係性がハッキリしている B

横に並ぶ3つの図形は「上揃え」で揃えました。右側の説明文は、上段のバックに敷いた角丸四角形の右端に揃えています。全体がきっちりまとまって、項目の関係性が明確です。

要素の位置やかたちを揃え、整理された好印象を与える！

❯1ミリのズレもなく揃える

私たちは心理的に整理されたものを好みます。要素の位置が微妙に揃っていないと、気になり、不安になり、書かれてある内容まで疑うこともあるでしょう。

レイアウトの基本は要素同士を揃えること。内容の信頼性、見た目の安定感は、情報要素の位置が揃っていることが欠かせません。

パワポで要素を整列させるときは、要素を選択して、［描画ツール］の［書式］タブの「配置」の［配置］から［左右中央揃え］などの項目を選びます。

❯サイズや距離を揃える

要素のサイズや配置する距離が揃っていることも大事です。サイズが異なる要素を揃える場合は、幅や高さを統一してから揃えると、違和感が消えて揃った印象になります。

図形の位置や大きさのほか、線の太さ、長さ、傾き、色、文字サイズなども丁寧に揃えるようにしましょう。

図形の書式設定ウィンドウを開けば、高さや角度、スライド上の位置などの情報が数値でチェックできます。複数の図形を選択して同ウィンドウの項目内に数値が表示されれば、同じ値を示していることになります。

▼1ミリの狂いもなく整列させると、安心して読める！

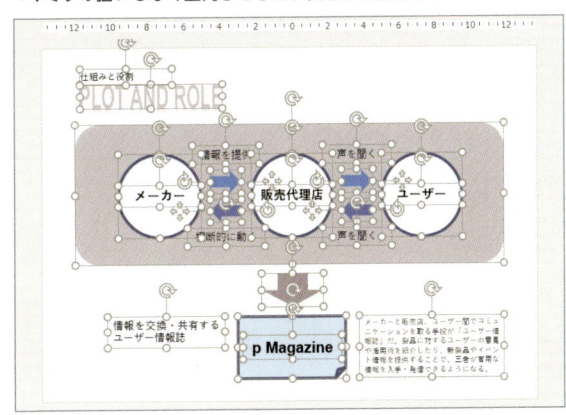

何をどこに揃えるか？

❶ 1ミリのズレもなく、ピッタリと揃える
❷ 関連性の強い要素同士を揃える
❸ 左、右、中央の最適な仮想線上で揃える
❹ 形が異なる要素は上揃えや下揃えのほか、1つひとつのバランスを見て揃える
❺ 写真は被写体の大きさや写っている範囲を揃える
❻ 図形とテキストボックスを重ねるときは、天地や左右の空きを揃える

見落としがちなポイント

使用するフォントや文字のサイズ、テキストボックスの上下の余白によって、整列機能を使ってもきれいに揃って見えない場合があります。表示倍率を100％以上にした上で、1つずつ動かし目視で調整したり、余白の数値を変更して揃えてください。

✖ **2つの文章の1文字目が揃って見えない。** 本例では、上のテキストボックスの左余白をゼロにしている…

✖ **游ゴシックやメイリオは下余白が広い。** テキストボックスを下に動かして、文字ベースで合わせるとよい！

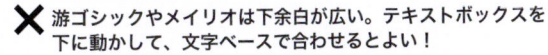

44 写真を隅に置いて 広がりや迫力を出そう！

一枚企画書

キーワード
裁ち落とし

文章だけだと素っ気ない企画書も、**写真**を入れると見栄えがよくなります。写真の特長は、実態や雰囲気、感情などが感じ取れること。上手く使えば、文字だけでは伝えられないニュアンスを、短時間で狙い通りのイメージにして伝えることができるようになります。

A 写真は大きく広く使う

女性が運動している写真を裁ち落としで配置しました。大きく広く使うことで開放感が出ています。被写体の足の一部が見えない構図は、左下に配置するのがベストです。

WELLCH FITNESS CENTER

家族と競技者向けの
新しい3コースを用意

親子コース

▶60分　▶4,000円
親子で楽しくトレーニングをこなすコースです。子供の体力に合ったカリキュラムで、無理なく健康に体力作りができます。両親と兄弟の家族4人まで、一般コースと同様のカリキュラムでトレーニングが行えます。

健康維持コース

▶60分　▶3,000円
適度な運動で汗をかき、ストレッチで身体をもみほぐして健康を維持するコースです。日頃のなまった身体を動かすことで毒素を外に出し、健全な状態にすることを目指します。毎日がワクワク楽しくなるコースです。

試合帯同コース

▶1日　▶7,000円
チームや選手と一緒に帯同し、大会や試合時の競技技術やメンタルなどを支えるコースです。安心して競技に専念できます。帯同が遠方、宿泊が必要な場合は、帯同費用とは別に宿泊費、交通費が必要となります。

B 写真が意図を伝えてくれる

写真素材のよさを上手く表現できれば、意図が強く伝わるようになります。大胆に使った写真は、文章の意味を理解する手助けをしてくれます。

写真の裁ち落としで広がりを出し、読み手の想像力を刺激する！

裁ち落としは広がりや迫力を出す

写真は、収まりがよく安定感が出る**角版**（四角形のかたち）で使うのが一般的です。

一方、紙面からはみ出すように余白を作らないでレイアウトするのが**裁ち落とし**です。

裁ち落としにすると、紙面の外に写真の続きがあるように感じられ、空間の広がりが生まれます。また、角版と比べて大きく配置できるので、ビジュアルに迫力が生まれます。立ち落としは、読み手の想像力を刺激する見せ方と言えます。

写真の素材を生かす加工をする

写真を**トリミング**すれば、余分な情報を削ることができます。また、切り取った被写体をアップして使えば、インパクトが増します。

トリミングは単に写真の一部を切り取るだけではなく、デザインの狙いをハッキリさせるために行うもの。つまり、見せたい情報をハッキリさせるための加工です。

企画書では、写真を入れる機会も多いはずですが、ついつい「ただ入れているだけ」の状態になってはいませんか？

写真の特長を生かし、見え方に工夫してみましょう。写真が魅力的になって訴求力のある企画書に仕上がるはずです。

✕ 角版で漠然とレイアウトした写真は、意図が強く伝わらない。写真の構図を考えた配置が大事だ…

▼トリミングで笑顔を強調した例。楽しい雰囲気が伝わってくる！

▼男性が走る写真で左半分を使った例。強さ、激しさが強調される！

⌐ **Part7 85 写真をトリミングする** ➡ 141ページ参照

45

写真を切り抜いて動きや変化を付けよう！

一枚企画書

キーワード
切り抜き

肌身離さず持ち歩くスマホでいつでも写真が撮れます。ネット上にはビジュアル素材があふれています。写真をそのまま使うのは簡単ですが、被写体を加工して、意図を増幅させるのも効果的な見せ方です。写真の==切り抜き==で印象的なビジュアルを作ってみましょう。

珈琲カップを切り抜いた

使用した写真の珈琲カップと皿の部分を切り抜きしました。背面に茶色の帯を敷いたため、より写真が際立って見えます。斜めに配置したことで動きも感じられます。

A

～女子旅応援プラン～

【Web & 女性限定】
ウェルカム珈琲と売店20%割引券付き！

女性同士の旅の楽しみは「おしゃべり」。おしゃべりに始まり、おしゃべりに終わるといっても言い過ぎではありません。気持ちよい出迎えと美味しい食事、そしてお土産の楽しみで、一層話に花が咲くことでしょう。

おしゃべり好きの女性向けプランを企画しました。チェックインしたら本格珈琲とクッキーでお出迎えし、売店商品の割引券を付けた「女子旅応援プラン」です。
母娘で、友人で、久々に会う同級生で・・・
多くの方々が利用できる、リピーター獲得に向けたおもてなしサービスです。

【特典1】
チェックイン時、一杯ずつ豆から挽くウェルカム珈琲を用意します。
【特典2】
当宿売店で好評販売中のクッキーを1人に1セット用意します。
【特典3】
売店商品20%割引券を1人につき1枚進呈します（一部商品を除く）。

B

ポイントは箇条書きで

本文は全体像を説明する文章です。企画のポイントは、箇条書きで色帯の図形の上に配置しました。写真があるので箇条書きが補完され、テンポよく読むことができます。

使用する写真の特長を生かして、個性的な表現ができる！

▶ 切り抜きで面白くにぎやかに

トリミングの1つである切り抜きは、被写体の輪郭をなぞって切り取る方法です。写真の周囲の情報がなくなり、対象の被写体が強調されます。被写体によっては、かたちの面白さが引き立ち、楽しい印象を与えます。

切り抜いた被写体は、曲線が多く不規則なかたちですから、切り抜きの数を増やすほど、動きが出てにぎやかな印象になります。企画書を演出するために、上手に使いたいテクニックです。

▶ 読み手のイメージを膨らます

写真に写った情報を全部見せたいなら角版でレイアウトしましょう。また、要らない情報を削り、1つの被写体を主役にして主張を代弁させたいなら、写真を切り抜いて使いましょう。

写真の持つ特長を生かすと、読む文字情報が補完されるだけでなく、読み手のイメージを膨らます手助けになります。読み手の強い興味を引き出すことができる切り抜き写真は、企画書には欠かせない要素の1つです。

▼ 内容に合った図形でトリミングすれば、一層雰囲気が高まる

直方体

雲

● 「涙形」の「図形に合わせてトリミング」した例。図形と被写体をマッチさせて、ユニークな面白い表現ができる！

● 切り抜きを使うほど、にぎやかになる。輪郭に沿った「フリーフォーム」の図形を重ねて、ポップな雰囲気に！

▼ 別の要素を加えると、ユニークで印象的な写真が作れる

「切り抜き」と「フリーフォーム」の重ね合わせ

⤤ **Part7** 86 図形に合わせてトリミングする ➡ 142ページ参照　　⤤ **Part7** 87 写真の被写体を切り抜く ➡ 142ページ参照

46 アクセントを付けて 視線を呼び込もう！

ページ 企画書

キーワード
アクセント

要素の一部に差異を加えるのが**アクセント**です。アクセントは強調と言い換えてもいいのですが、少しの変化を生じさせてデザインに活性化させる味付けの要素もあります。画一的な要素を差別化したり、特別な意味を持たせて読み手の視線を呼び込んでみましょう。

A 1.5ptの赤の点線で囲んだ

パターン化されたページでは、色罫線で囲むと否応なく目立ちます。ここに視線を誘導するために、タイトルや見出しを太字や図形で目立たせないようにしておく配慮も必要です。

宿泊客へのおススメ散策エリア

四季ごとに表情を変える 珍しい植物の宝庫

園内には長い歴史を物語る数多くの由緒ある植物や遺構が残されています。四季折々で違った感動がもらえる、国の史跡および名勝に指定されている植物園です。

なだらかな坂に春を告げる 満開の桜

ソメイヨシノを中心にウコンザクラなど珍しい品種も含め、約130本の桜があります。地域の人たちの努力によって守られた桜並木は、見事な花のトンネルを作っています。

紫陽花で神社が映える 梅雨の風物詩

駅の裏手にある創閤の古い神社です。境内から公園にかけて彩る季節には、あじさい祭りが催されます。地域一体の祭りとして、各方面から観光客が集まります。

電車で10分乗れば オシャレタウンもすぐそこ

丸の内や銀座、築地市場といった「絶対行きたい場所」へのアプローチは簡単です。電車に10ほど乗れば、中心部へ到着し、乗り換えが便利なハブ駅もたくさんあります。

 イチ押し

個性的な古着ショップは 見るだけでも飽きない

可愛い洋服が安く買える古着は、老若男女に人気です。海外品を扱う個性的なショップも多く、独特な雰囲気にハマること必須。居酒屋や美味しいご飯屋さんも豊富です。

日々の買い物に困らない 風情ある商店街

毎日の食卓に欠かせない食品は、個人商店が連なる下町風情が残る商店街で買えます。物価が安く、総菜店や日用品店、飲食店も多く、日々の買い物に不便はありません。

B アクセントは赤い色

「星24」の図形の上に「イチ押し」も文字を乗せてアイコン風にしました。ここで使った色は、カラー写真の色を除くと「赤」だけです。色のアクセントが効いています。

気の利いたアクセントで、単調なレイアウトに変化を加える！

1ページに1、2箇所が適切

アピールしたい箇所に吹き出しや爆発マークといった図形を使えば、自ずと目を引きます。飾り罫で箇条書きを囲めば、読む興味も起きてきます。また、全ページを通して、共通アイコンを使ってキーワードを入れてみるのも面白いでしょう。

ただし、多くの箇所に使ってしまうと、どこを見せたいのかがぼやけてしまい、目を引く効果が出ません。伝えたい主旨を整理し、使う箇所をよく考えてレイアウトしましょう。アクセントは1ページに1、2箇所が適切です。

イメージを膨らます色の使い方

配色を同系色でまとめると、調和的で統一感が生まれますが、単調になってしまうのがネックです。このようなときはアクセントカラーを使ってみましょう。

アクセントカラーは、色調に変化を付けて全体を引き締めたり、読み手の目を引く役割を持つ色のことです。使用している色と対照的な色（色相や明度、彩度の差がある色）を選ぶと、ハッキリした効果が得られます。

アクセントカラーは目立たせたい箇所に使うものですから、多くの色を使わず、使う面積は全体の1割程度に抑えてください。

また、一箇所だけ目立たせるにはワンポイントカラーという方法もあります。ワンポイントカラーは、モノクロの中に1色だけカラーを作り、相対的にそこを強調する方法です。

▼強めに訴求したいなら、背景を塗りつぶす手のも効果的だ！

▼4年目の要素棒にアクセントカラーを使った！

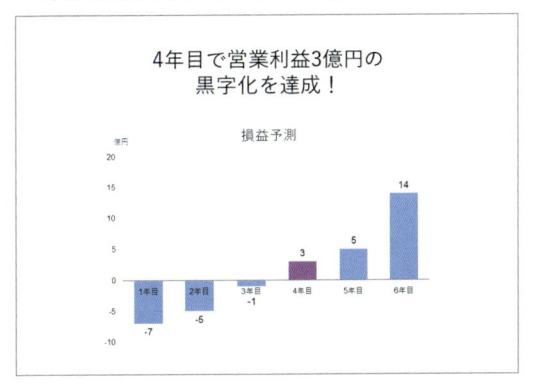

▼「婚活講座」の1文字にワンポイントカラーを加えた！

47 塗りつぶしと枠線の併用は避けよう！

キーワード
塗りつぶしと
枠線

新しく作る図形は、塗りつぶしと色枠が標準設定になっています。そのまま使うと、煩雑な感じがします。選択したテーマや配色によっては、両方が濃過ぎて重たい印象になることもあります。図形は、**塗りつぶしと枠線の併用を避ける**と好印象になります。

A 5つの項目が主張している

5つの項目をハッキリと主張するために、色ベタの白抜き文字で強調しました。5つのキーワードがしっかり意識されて、読み手の記憶に残りやすくなります。

次世代自動車のニーズ

大気環境	→	Nox、Sox、PM、CO2
安全性	→	運転、速度、視野
快適性	→	室内空間、振動、騒音
性能	→	自動運転、燃費、電費
素材	→	炭素繊維、ガラス繊維、植物由来プラスチック

B 図形はシンプルに作る

左の5つの項目と同じように、緑色を使って枠線を外しました。枠線の情報が目に入らず、かなりスッキリしました。シンプルに作る方が内容を読み取りやすくなります。

煩雑に見えるときは、塗りつぶしか枠線のいずれか一方を生かす！

「塗りつぶし＋枠線」はやめる

図形を塗りつぶして色枠を付けると、どうしても込み入った印象を受けます。
基本的には、

①**塗りつぶしだけで枠線を外す**
②**塗りつぶしをやめて色枠だけにする**

のどちらか一方の設定にしましょう。
どうしても枠線を使いたいときは、塗りつぶしに薄い色を選択します。それでくどさを感じないようでしたら大丈夫です。
なお、図形が重なるときは、白の枠線を使ったり透明度を指定して印象を軽くすると、互いがきれいに見えます。

グラフィックはシンプルにする

「塗りつぶしと枠線を併用しない」は、グラフやイラスト、SmartArtなどにおいても同様です。特にSmartArtは、そのままの色とかたちで仕上げる人がいますが、適宜調整しましょう。わかりやすく見せるために使うグラフィックなのに、読み手が線や色の無用な情報で煩わされてしまっては不本意です。
一方で、図形に枠線を付けない代わりに、影や3Dを使おうとするのは安直です。一見見栄えがいいようですが、読み手にとっては意識が散乱するだけです。影や3Dは本当に必要なときだけ使って、企画書の中のグラフィックはシンプルなものにしてください。

✕ **塗りつぶしと枠線があると、安っぽく見えてしまう。**
線の強さや色の無用な情報が目に入ってくる…

⭕ **塗りつぶしをやめて、枠線だけにした例。**
無用な情報が目に入らず、かなりスッキリした印象に！

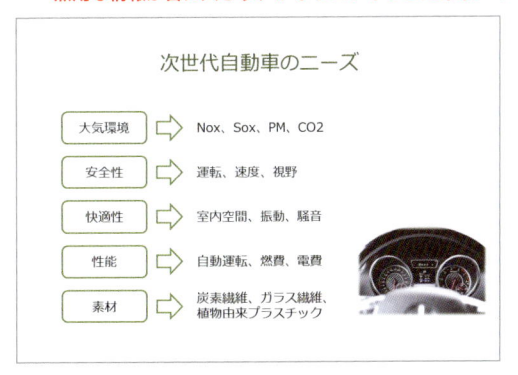

⭕ **塗りつぶしの透明度を70%にした例。**
色の枠線があっても軽い印象になり、煩雑さは感じられない！

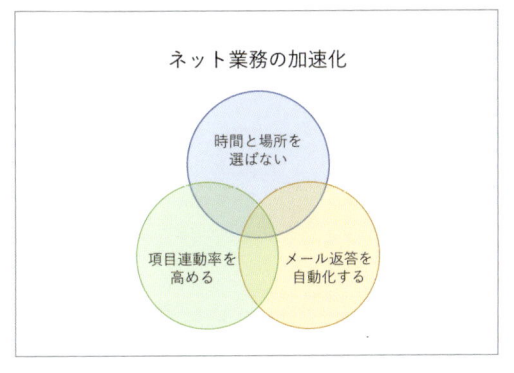

OSに依存しない共通フォーマットのPDFで保存する

PDF

PDFファイルはOSを気にしないで、どのパソコンでも同じレイアウトで内容が見られる汎用性のある形式です。パワポがなくても「Adobe Reader」や「PDF Reader」といった閲覧ソフトがあれば、パソコンやiPad、Androidなどのタブレット端末でも開くことができます。

[ファイル]タブの[エクスポート]にある[PDF/XPSの作成]をクリックして、[PDFまたはXPS形式で発行]ダイアログボックスの「ファイルの種類」で[PDF(*.pdf)]となっているのを確認します。

続いて、[オプション]ボタンをクリックして、[オプション]ダイアログボックスの[PDF/A準拠(/)](または[ISO 19005-1に準拠(PDF/A)(1)])をオンにして[OK]ボタンをクリックします。[PDFまたはXPS形式で発行]ダイアログボックスに戻って[発行]ボタンをクリックすると、PDFが作成されます。

作成されたPDFは、それを表示するパソコン等にあるフォント群の中から同じものを使って表示します。

同じフォントがない場合は、別のフォントが対応付けられますので、意図しない文字が表示されることもあります。[オプション]の一連の操作でフォントを埋め込んでおけば、これを回避できます。

▼[名前を付けて保存]ではなく[エクスポート]から操作する

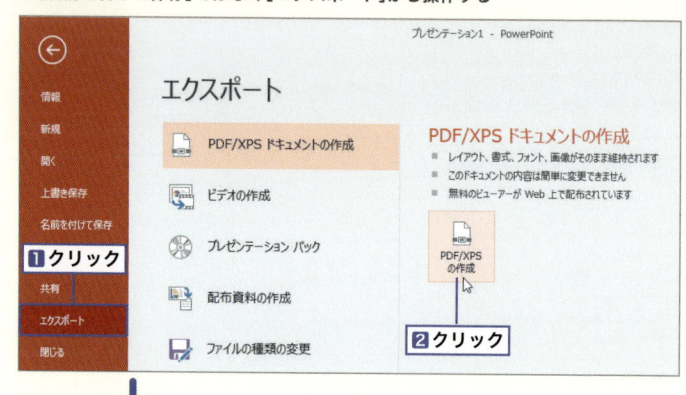

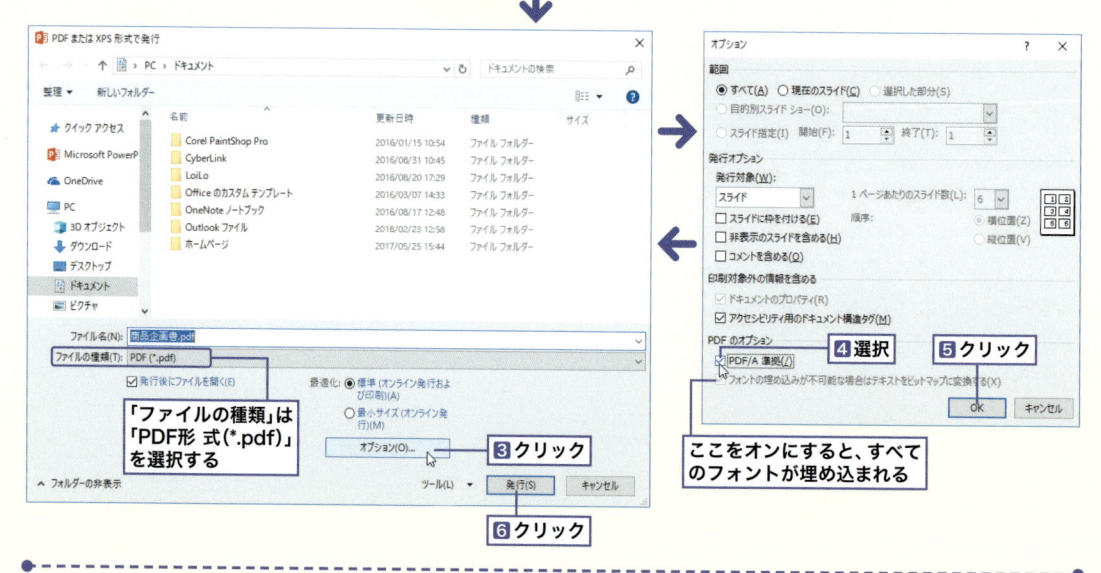

104

Part 6

長い説明は嫌われる。
一瞬で伝わるビジュアルを活用しよう！

読み手にとって企画書は、読まずにわかればベストです。

図解すれば、多くの情報を含ませられます。

写真を入れれば、事実がストレートに伝わります。

グラフの一要素に色が付いていれば、そこが強調できます。

表の隔行に色を敷けば、情報の追跡がラクになります。

情報を伝わりやすくするために、適切に視覚化することが

ビジュアル化の本質になります。

48 長い説明は図解で スッキリさせよう！

キーワード
図解

企画書には見せる工夫が必要です。**図解**は、図形などを組み合わせて内容を表現するものです。図解した紙面はシンプルなので、何を言いたいのかが「ひと目でわかる」ようになります。情報が頭にスッと入ってきて、読み手の理解を促してくれます。

A 三者の関係性を表現した

システムの仕組みは、三者の関係性がわかればいい。当社（仲介Webサイト）を中心に、芸術家と資金提供者を左右に配置し、それぞれの役目がつかめるようにレイアウトしました。

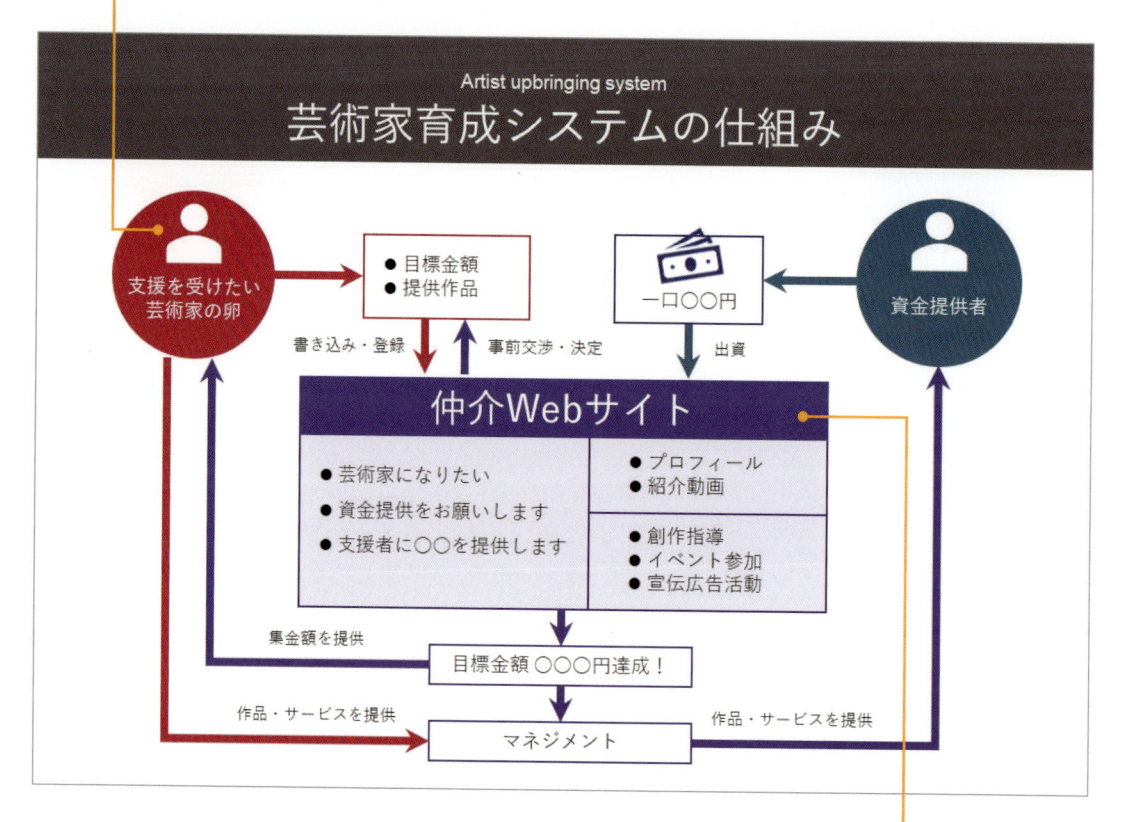

B 色分けで三者を明確にした

三者の役割が混乱しないように、それぞれの図形や矢印を色分けしました。色の違いで役割と動きが感覚的に理解できます。色を使い過ぎると見にくくなるので注意しましょう。

「ひと目でわかる」ように図解する！

▶ 図解でシンプルな骨格にする

図解は、図形や線などを組み合わせて意図を表現するものです。文章だと冗長な情報が、図解すると単純明快にスッキリとまとまります。図解とは、複雑に絡み合う要素や込み入った事柄を解きほぐし、シンプルな骨格にする作業です。余分な脂肪が削ぎ落とされれば、複雑そうに見える内容の本質があらわになります。

直感に訴える図解は、読み手は自然と納得してしまうところがあります。また、自分から自発的に内容を読み取ろうとさせる雰囲気があり、読み方を強要しない分、ゆったりと理解することに専念できます。

▶ 図解には多くの情報が含まれる

図形の大きさや位置、色やかたちを工夫し、吟味した短い言葉を使う図解には、多くの情報が埋め込まれています。作り手の強い思いが込められた図解は、読み手に強い印象を残します。だから、読み手に伝わり、納得してもらえるのです。

読ませるより「見せる」ことが有利なのは、これに尽きます。わかりやすい企画書は、よく練られた図解でできているものです。

ただし、気をつけたいのは作り込まないこと。右へ左へと矢印があって項目がたくさん出てくると、せっかくの図解も効果が半減します。メインの要素を中心に置き、必要最低限の簡単な言葉で周囲を飾るだけでも十分伝わります。

✖ **詳しく説明したいがために、文章で書いてしまうNG。**
読み手は頭の中で理解に忙しく、ただただ苦痛でしかない…

> Artist upbringing system
> ### 芸術家育成システムの内容
>
> 画家や書道、工芸などの芸術家を目指す人を支援するシステムです。芸術家の卵が生活でき、創作に没頭できるように資金提供者を募り、当社が仲介してマネジメントを行います。大まかに以下のような手順で仕組みを構成します。
>
> **（1）希望者のWeb登録**
> 支援を受けたい芸術家の卵は、活動費となる目標金額や提供できる作品やサービスなどをWebサイトの所定のシートに書き込み、人材登録します。
>
> **（2）仲介のWebサイト運営**
> 当社は仲介Webサイトを構築し、登録した芸術家の選定を行います。将来性のある芸術家を発掘し、事前交渉・決定の上、Web上でプロフィールを公開して資金提供者を募ります。
>
> Webでは、芸術家の紹介動画のほか、提供できる作品やサービスの詳細を明示します。目標金額が達成されたら本人へ連絡し、金額を支払います。同時に、雇用契約が締結され、当社が創作活動のマネジメントを行います。
>
> **（3）資金提供者は作品等の享受**
> 資金提供者は、「一口○○円」の出資額で希望の金額を投資します。芸術家の卵が設定した作品やサービスを受け取ることができます。

⭕ **三者の関係をメインに簡素化した例。**
ポイントさえ伝われば、あとは読み手が勝手に理解してくれる！

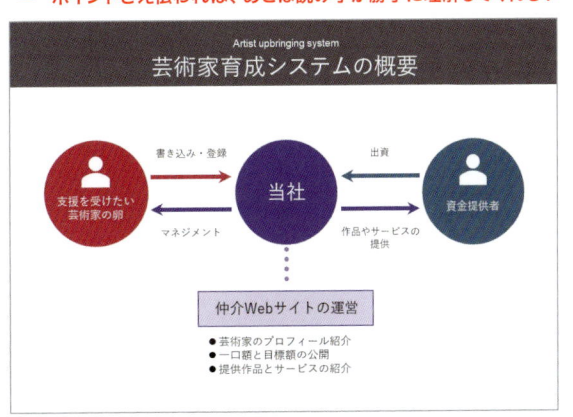

図形をクリックできないとき

図形が重なり合う込み入った図解では、目的の図形をクリックで選択できないことがあります。そんなときは Tab キーを使いましょう。 Tab キーを押すたびに、選択するオブジェクトが次々と切り替わります。

Part7 80 複数の図形をグループ化する ➡ 139ページ参照

49 馴染みのあるフレームワークで スマートに伝えよう！

ページ企画書

キーワード
フレームワーク

PDCAやロジカルシンキングといった言葉は、一度は耳にしたことがあるでしょう。これらの**フレームワーク**は、問題発見や問題解決、意思決定などをする思考ツールのことを言います。フレームワークは、馴染みのある図解として誰にでもわかりやすく説明できます。

A 将来の組織戦略を7Sで解説

将来に向けた組織戦略をフレームワークの7Sで表しました。7つの経営資源の関係をどう有機的に結び付けてマネジメントするかを明らかにするフレームワークです。

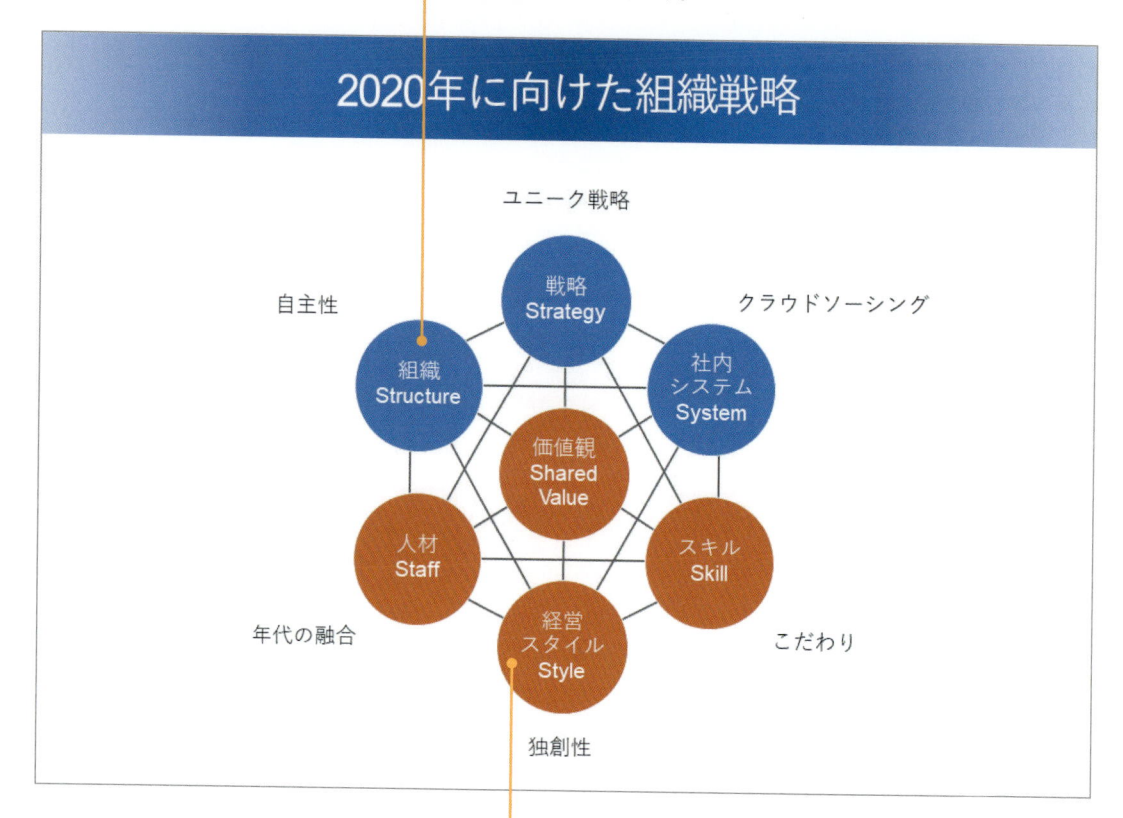

B 要素を色分けして理解を促した

比較的変更が容易なハードの3Sと、変更に時間のかかるソフトの4Sを色分けしました。全体像を見せた上で、口頭で説明したり、次ページで追加解説します。

フレームワークは、適切な見せ方で主旨を表現できる！

思考をかたちでできる

図解には、スピーディーさとシンプルさが求められます。普段見かけない不思議なかたちをした図解では、なかなか頭に入りません。

「一度は」「どこかで」見たことのあるフレームワークを使えば、見せ方に悩むことなく、内容の本質をストレートに伝えられます。

例えば、組織の連携をとらえる7S分析なら、複雑な組織戦略を有機的に表現できます。収支のトントンがひと目で見つかる損益分岐点の分析なら、販売計画の妥当性が説得力を増します。

企画書では欠かせない思考ツール

フレームワークには、「見せる」「説明する」ためのロジックを適切に整理するノウハウが詰まっています。長年使われてきているものが多く一般に浸透しているため、わかりやすい説明ができる理由になっています。

また、多くのビジネス分野で共通して利用できるのも特長の1つです。上手に使いこなせば、読み手を納得させる強い武器になります。

▼SmartArtをグループ解除し、色と文字サイズを加工したPDCA

▼販売シミュレーションで収益性を見るのに最適な損益分岐点分析

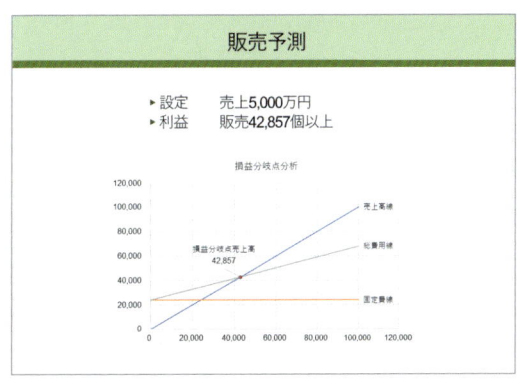

4C 分析	顧客、競合、自社、流通の情報から成功要因を見つけ出して戦略に生かす分析手法
4P 分析	製品、価格、流通、プロモーションの情報を使い、マーケティングミックスを行う手法
ABC 分析	商品や顧客を実績の順に ABC に分類し、A ランクを最重要商品として管理する手法
7S 分析	7 つの経営資源の視点から企業戦略にあった最適な組織運営を考える手法
PDCA	計画、実行、評価、改善のプロセスを繰り返し、品質の維持と向上を継続する経営手法
PPM	市場と自社の現状（商品や事業）を位置付けし、育成・維持・撤退などを検討する手法
SWOT	企業を内部環境の強みと弱み、外部環境の機会と脅威の視点から分析する手法
散布図（相関図）	グラフに描いた点の散らばり具合から、A と B の関係や傾向を読み取る手法
損益分岐点分析	収支トントンとなる売上高を見つけ出し、売上目標や原価・仕入れ管理をする手法
ガントチャート	時間軸の開始点と終了点を線で結び、計画全体を眺めて進捗状況を確認・改善する手法

Part7 79 SmartArtを分解して使う ➡ 138ページ参照

結論をスパッと言い表す
グラフを作ろう！

キーワード
グラフの加工

企画書のグラフは、入れるだけでは意味がありません。大事なのは、そのグラフで「何を言いたいか」をハッキリさせること。そのためには、==グラフを加工して==主張する箇所を強調させることです。72ページでも述べたように、グラフは見せる箇所を絞る方が相手に伝わります。

A 円グラフの基線位置などを加工した

主張したいのは「40代」のデータです。この要素だけ濃い色で塗りつぶし、文字サイズと基線位置を変更して目立つ位置に配置しました。右ページの×の例のような横棒グラフだと、主張が読み取れません。

DATA

毎日の肌保湿を「とても気にする」のは50代以上が最も多いが、「比較的気にする」を加えた「気にする」の合計比率は、40代だけが60%を超える。
これまで30代をターゲットにしてきた商品訴求だが、これからは40代に改める必要がある。

肌保湿を気にする年代別の割合

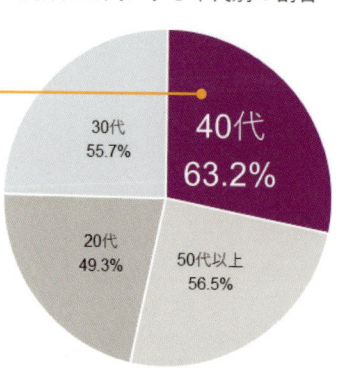

日々の肌保湿を最も気にするのは30代ではなく**40代**だ！

B コメントを付けた

読み手に理解して欲しいのは、主要ターゲットが「40代」であること。コメントを付けて、見るべきポイントを示しておきました。吹き出しや矢印などの図形を使うのもいいでしょう。

グラフは適切な種類を選び、コメントを付けて主張を明確にする！

適切な種類のグラフを選ぶ

企画書のグラフは、体裁の細やかさや美しさよりも、言いたいことがパッと目に飛び込んでくることのほうが大切です。本例のグラフは年代別の割合を伝えることではなく、60%を超えている「40代」だけが主要ターゲットだということです。

データを正確に見せようとして、右の×のような100%積み上げ横棒グラフを作っても、前述の主張は伝わりません。むしろ、必要な情報だけに絞って、数値を適切に集計した円グラフのほうが、読み手は混乱しません。

グラフの煩雑さを解消し、主張を強調させるには、データをまとめたり抜粋する一工夫をして、最適な表現ができる種類のグラフを選ぶことが大事になります。

見るべきポイントを示す

資料の作り手が思うほど、読み手は一生懸命理解しようとしません。グラフを作ったら、コメントや図形を入れて見るべきポイントを示しておきましょう。そうすると、グラフで着目すべき箇所がハッキリして、意図が読み取りやすくなります。何より、見る人によって見方が変わってしまう誤読を防ぐことができます。

グラフのどこをどう見るかがわかる。読み手にとって、こんなにあり難いことはありません。信頼感を増し、説得力を高めるための一手間を惜しまないようにしましょう。

✖ 余計な要素を見せると、本来のメッセージとは違う解釈をされることも。省略やまとめ直しする工夫も必要だ…

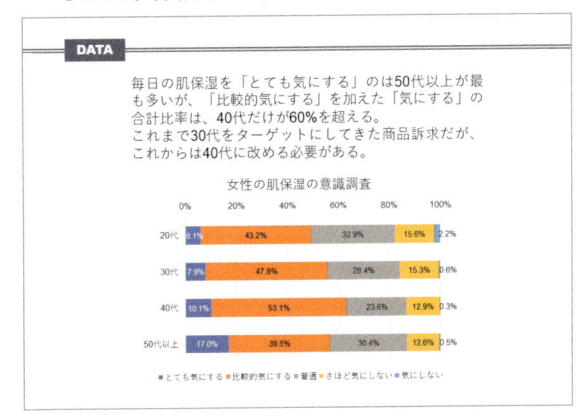

▼1系列だけ色を使えば、相対的にそのデータが目立つようになる

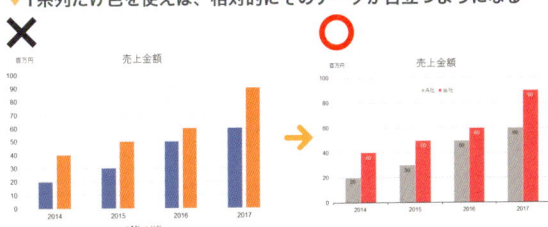

▼適切なコメントを付ければ、ポイントが手短に簡単に伝わる

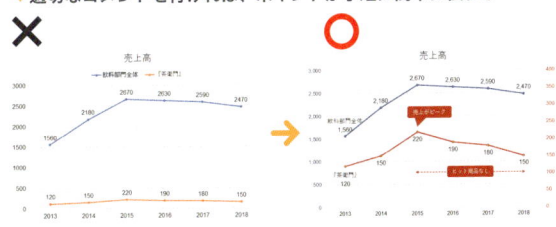

▼要素を省略して伝えたいグラフにまとめ直すことも大事だ

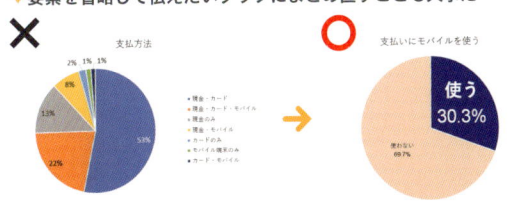

Part7 83 円グラフの基線位置を変更する ➡ 140ページ参照

51 「おやっ」と感じる 印象的なグラフを作ろう！

一枚企画書

多くの要素を正確な数値で表したり、内訳をきれいに色分けしても、情報ノイズが増えるだけで「労多くして功少なし」になりがちです。企画書のグラフは、詳細さがさほど重要視されないことも心得ておきましょう。大雑把な**簡易グラフ**で印象的に見せるのもアリです。

A 「アーチ」の円グラフ

図形の「アーチ」で作った簡易グラフです。真ん中に数値を置くだけで、ビジュアルの意図が明確なグラフに変身します。ここでは、単色でシンプルに配色しました。

「スマイルアプリ」の開発と運用の企画

よく利用するのはコンビニ

独身男女が平日に利用する店は、75%がコンビニです（当社調べ）。この来店頻度の高い購入層がわかっているにも関わらず、客数の減少、客単価の低下、人件費の上昇に悩んでいるのが、現在のFC店の実情です。

75%

さりげないプッシュ通知で

クーポン系アプリのプッシュ通知が「便利だと思う」人は半数以上を占めており（当社調べ）、来店と購入動機になっているのは間違いありません。一方で、大量のプッシュ通知が原因でアプリを削除した経験がある人は、4割以上あります。やりすぎは禁物です。

「削除した」　「便利」
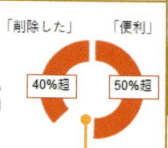
40%超　50%超

「スマイルアプリ」の提供

来店頻度の高い独身層を中心に、一人当たりの購入額を増やす販促施策として、プッシュ通知の「スマイルアプリ」を提供します。このアプリで主にニュースとクーポンを配信して、お客様の来店の意欲を高め、効率的に集客・販促します。

見た目にも楽しい案内で来店を促す

「スマイルアプリ」は、お客様が欲しい情報をスピーディーにダイレクトに伝えます。「今日は来店者が少ない」と思ったら、本日限定のメニューを紹介したり、タイムサービスを告知したりと、時間と季節、企画をタイムリーかつ柔軟に実行できます。

独りよがりのプッシュ通知は敬遠されますので、見た目に楽しく、ワクワクする案内が伝わるデザインを作成します。

また、顧客の属性や行動の情報を集め、年齢や性別、地域や嗜好といったセグメントごとに、最適で効率のよい販促施策を実行することもできます。

「スマイルアプリ」で配信する情報は、「雨の日クーポン」「午後9時からクーポン」「誕生月クーポン」の3つが柱です。見た目にも楽しい案内にして、お客様の来店につなげます。

● リピート率
● 購買単価
● 来店頻度

「スマイルアプリ」の特長

スタンプ＆ポイントカード　　雨の日クーポン

見た目が楽しい　　　　タイムリー
持ち忘れがない　　　　サプライズ

午後9時からクーポン　　誕生月クーポン

B 2つのグラフを1つで見せた

「アーチ」を2つ向かい合わせた簡易グラフです。「削除した人」は40%超、「便利だと感じる意図」は50%超という、2つのグラフをまとめて1つに見せています。

図形で作る簡易グラフで、印象的&効果的に見せる！

▶一味違うグラフで伝える

パワポのグラフ機能は比較的簡単にグラフを挿入できますが、元データを修正したり、グラフの種類によって異なる項目の設定には、多少の慣れが必要です。精度が求められないグラフなら、簡易グラフを作るのも1つの方法です。

簡易グラフは図形などで作るグラフのことです。数値データを用意する必要はありませんし、固定されるグラフエリアもありませんから、サイズやスペースも自由です。意図を伝えることが主眼ですから、大雑把でかまいません。

▶図形でグラフの種類が変わる

簡易グラフは、円に数値を添えれば円グラフ、四角形や三角形を並べて棒グラフが表現できます。アイコンやイラストを使えば、インフォグラフィックスのグラフに見えます。これらは一様にシンプルで圧倒的にわかりやすくなります。いろいろな表現ができるのも簡易グラフの特長です。

数値に合わせて図形のサイズや目盛りを測る必要はありますが、図形のコピーや整列の機能を使えば正確で整った簡易グラフは作れます。

▼「円部分（パイ）」を使った円グラフ

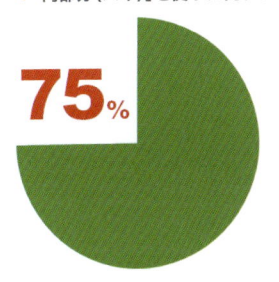

▼「円：塗りつぶしなし（ドーナツ）」とアイコンの組み合わせ

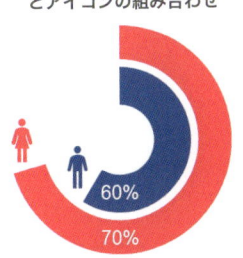

▼スマホのアイコンを使ったグラフ

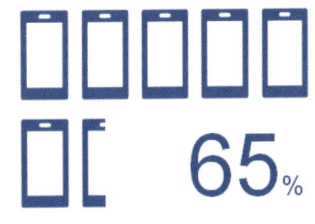

▼男性と女性のアイコンを使ったグラフ

▼ブロック矢印と円を組み合わせた棒グラフ

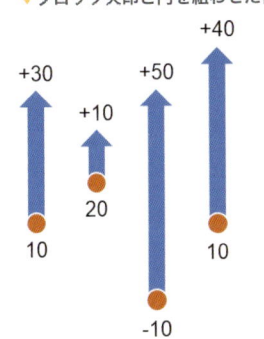

▼「二等辺三角形」を使った棒グラフ

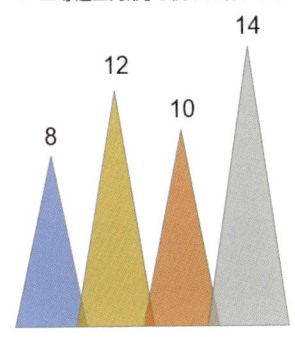

▼動物のアイコンと円を使った比率グラフ

Part7 81 オリジナルな単一図形を作る ➡ 139ページ参照

52 写真素材の魅力を 上手に引き出そう！

キーワード
写真の素材

文章と写真がお互いに補完し合えば、読み手に多くの情報を感じ取ってもらえます。そのためには、企画の内容に合った写真を選ぶことと、素材が持つ情報を伝わりやすくする表現が必要です。人物や風景、イメージなど、写真が持つ魅力を引き出してあげましょう。

A 商品のある写真を用意する

ジューサーのあるキッチンの写真を使ったページ。商品を主張し過ぎず、必要な情報が読み取れる写真です。写真の横幅と右の文章エリアの横幅は、黄金比を意識して美しくレイアウトしました。

販促計画

多くの酵素と栄養素が摂れるジューサーは、美容やダイエットに最適です。この特徴を女性を中心に訴求します。
人の集まる店舗をチョイスし、実演販売で生フレッシュジュースの美味しさを実感していただきます。
4月は新製品のAJ-700シリーズを使い、次の販促計画を立てました。詳細は別紙を参照してください。

4月	場所	内容
第1週末	百貨店	実演販売
第2週末	スーパー	実演販売
第3週末	家電量販店	販促活動
第4週末	多目的広場	イベント

高機能ジューサー
AJ-700W
39,500円（税別）

切り抜きで存在感をアップさせた B

左上写真のジューサー部分をトリミングで切り抜きました。1つの写真を2度使っても無粋な感じはしません。むしろ、写真が語る世界観と商品の関係性が強まります。

写真は被写体の情報を理解して、大胆かつ繊細に扱う！

1つの写真で角版と切り抜き

写真が多いと混乱してしまいますが、1枚しかないと寂しい。そんなときは、本例のように被写体の一部を切り抜いて使ってみるのもいいでしょう。角版で写真の世界へ誘い込み、同じ写真をトリミングして切り抜いて商品を目立たせるテクニックです。

角版のシンプルなかたちと、切り抜きのユニークかたちを共存させることで、レイアウトに変化が生まれます。また、写真の一部をズームアップすると、やはり面白さや動きが出て写真の素材が生きてきます。

文字と写真を組み合わせる

写真の情報をしっかり伝えるには、大きく見せるのが基本です。写真の面積を大きくするほど、目立ちやすくなります。ページ企画書の表紙や中扉、一息付けたい箇所で写真を大胆に使ったページを用意すれば、集中力が切れそうな読み手が目を覚ます効果もあります。

写真は視覚に訴えるビジュアルですが、文字と写真を組み合わせると、写真の魅力が引き出されて文字の情報を補うようになります。その結果、記憶に残りやすいビジュアルになります。写真の構図や被写体が持つ特徴をつかみ、インパクトあるユニークな使い方ができれば、チラシやリーフレットとして利用することもできるでしょう。

▼切り抜いた写真を並べると、にぎやかで軽やかな雰囲気になる

▼花の写真を大きく使い、元気・やさしさなどを強調したデザイン

▼ユニークな写真とイラストを合成し、キャッチコピーの効果を狙った

53 直感的なアイコンに 語らせてみよう！

キーワード
アイコン

情報をパッと伝えるには**アイコン**が便利です。アイコンは直感的で感覚的ですから、情報をシンボル化してすばやく伝えるには、非常に有効な表現方法です。読み手の視線を集める視覚的な要素としても効果的で、レイアウトに変化を付ける役割があります。

指輪のアイコンで魅せる

文章がメインの企画書は、アイコンがあるだけで目を引きます。選び抜いた言葉と隣同士にあれば、読み手の理解が深まります。指輪は五角形と2つの円で作りました。

A

自動販売機でジュエリーを買おう！

あれこれ聞かれるのはイヤ
ジュエリーは百貨店や専門ショップで買うもの。そんな話は昔のもの。いまはネットで買うのが当たり前。若い人たちにとっては、どこで買うかよりも「どこにあるか」「気ままに買えるか」のほうが大事です。対面で接客されてあれ、これ聞かれるのはイヤなのです。

ジュエリーは自販の中にある
自動販売機でジュエリーが買えたら楽しいことでしょう。気ままに選び好みしながら、テイクアウトコーヒーの感覚で買える。まさに現代人のニーズにマッチした買い方です。ジュエリーがいつでも簡単に、割と少額でも買える便利さは、確実にウケます。気の利いたプレゼントや、ちょっと資産を楽しんでみたいというときも、その効力を発揮するでしょう。

タッチパネルでカンタン
購入方法はいたって簡単です。希望の商品をタッチパネル上で選ぶと、商品説明と価格が表示されます。説明は、日本語と英語で対応します。
現金かクレジットカードで支払いを済ましたら、領収書を受け取ります。その後、商品と証明書が同封された商品が受け取り口から出てきます。
商品が未開封であれば、返品も可能とします。購入日から10日以内に本社へ返送すると、全額返金を保証するようにしてアフターフォローを徹底します。

 話題をさらう新サービス

➢ ジュエリーは指輪など5カテゴリー
➢ 提供点数は初年度100種類
➢ 価格は5千円から5万円まで
➢ 地方3都市で先行販売
➢ 宣伝や広告は行わない
➢ SNSで情報提供・拡散推進

 3カ月で販売体制を整備

➢ 自販機はA社のFシリーズ改良型
➢ 大手7社のカードに対応
➢ セキュリティーに最新技術使用
➢ 防犯体制はB社とタイアップ
➢ 初期投資1,500万円（別紙参考）

矢印のアイコンで誘う

B

たかが矢印でもアイコンにすれば、視線を集める視覚的な要素になります。簡素な紙面がアイコン1つで軽やかになります。曲線矢印は、三角形と四角形と円部分（パイ）を組み合わせたものです。

単純な図形で作るアイコンが、紙面を魅力的に演出する！

▷ アイコンで紙面を魅力的にする

アイコンは、情報を簡潔に見せるシンボルとしての役割とともに、紙面を魅力的にする演出の効果もあります。最適なアイコンを適切な場所で使えば、企画書の内容は格段に読みやすく、わかりやすくなっていくでしょう。

「どのようなアイコンを作ろうか」と考えると、その種類は限りなくあることになります。企画書では、見出しやキーワードといった注目させたい箇所に、矢印（↑↓←→）、！マーク、☞マークをアイコンとして使えば、紙面の雰囲気を壊さずにレイアウトできます。

▷ アイコンは簡単なもので作る

アイコンは、図形や記号を組み合わせた簡単なものでかまいません。

マークや環境依存文字を使う場合は、文字を変形するか、サイズの大きい文字を［図として保存］してから図形と組み合わせると、扱いやすくなります。

また、Webサイトには、無料のアイコンがたくさん公開されています。よく使いそうなものや気に入ったものがあれば、その都度ダウンロードしてパソコンに保存しておくといいでしょう。

ピクトグラムを真似る

アイコンは、あまり凝りすぎず、シンプルにまとめたほうが印象的になります。そこで、**ピクトグラム**を真似て作るのもいい手です。ピクトグラムとは、日常よく目にする道路標識や非常用出口などの絵文字のこと。直感に訴えて「見てわかる」ためのエッセンスが凝縮された最適な教材です。

▼簡単な図形と記号で魅力的なアイコンができる。多色は不要だ

⌐⏌ **Part7** 72 Bingでイメージ検索した罫線を使う ➡ 135ページ参照

54 思い切って自分で イラストを描いてみよう！

キーワード
イラスト

「**イラスト**を描いてもらうには、時間と費用がかかる」「ネットには多くの作品があるが、どうもしっくりこない」「著作権も気になる」…。少しの決意が勝るのであれば、自分でイラストを描くことに挑戦してみましょう。丁寧に描かれたイラストは、強い説得力を持ちます。

A 既存図形でイラストを描いた

商品の展示風景のイラストです。すべてパワポが用意している図形を使って描いています。右上のポスターハンガーだけは、長方形と三角形の「型抜き/合成」で作りました。

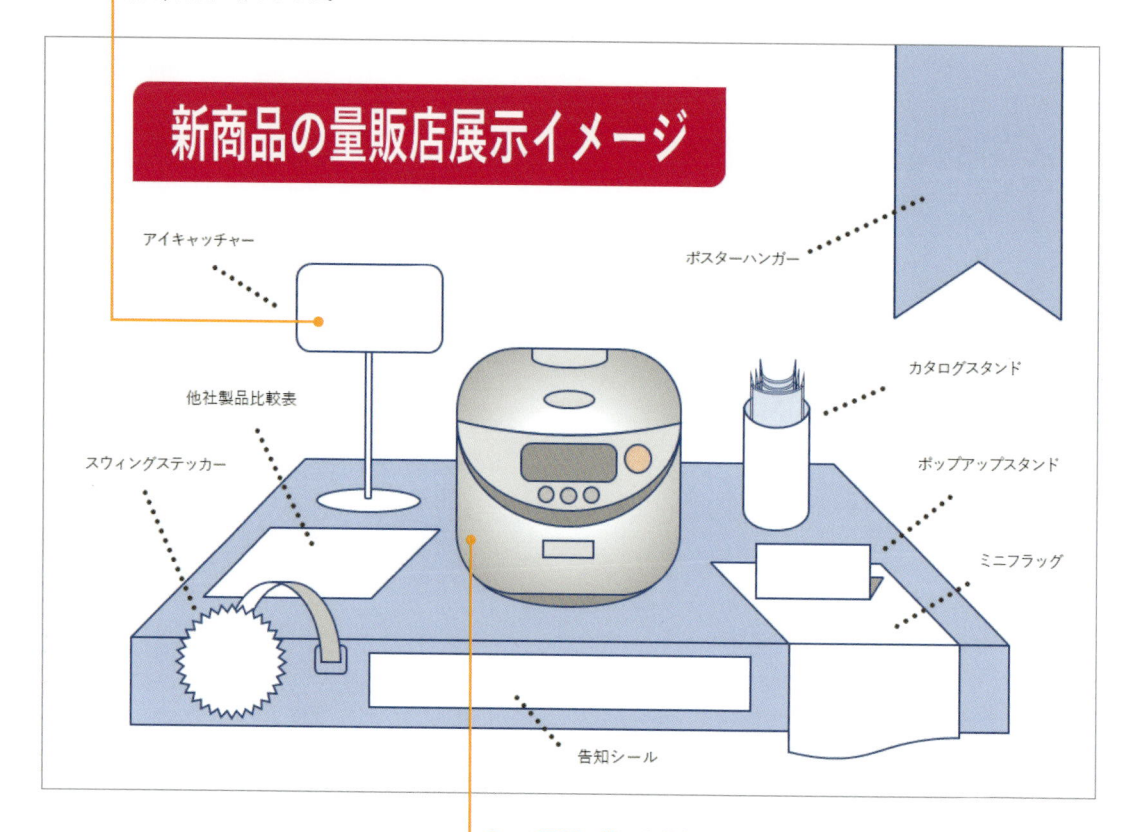

B 6つの図形で描いた炊飯器イラスト

炊飯器のイラストで使用した図形は6つです。あとは図形の拡大/縮小だけで形にしました。最後に、立体的に見えるようにグラデーションで調整しています。

単純な図形を使って、意図するイメージ通りのイラストを描く！

イラストはグループ化しておく

イラストは、文意を明確にして読み手の理解を助けてくれます。写真の代わりに、実物や実像を想起させたり、特徴を伝えられるビジュアルです。

複雑そうに見える構造や状況も、基本の図形を組み合わせればイラストで表現できますので、しっくりくる素材がみつからないときは自作してみましょう。

そして、作成したイラストのパーツは、管理しやすいようにグループ化しておきましょう。拡大/縮小してもプロポーションが保てるメリットもあります。

崩れてしまう場合は、右クリックメニューの［配置とサイズ］を選択して、図形の書式設定の［縦横比を固定する］のチェックがオンになっているかを確認してください。

図形を重ねて合成する

図形は「フリーハンド」を使ったり、頂点の編集を利用すれば、不規則で自由な線を描けます。しかし、慣れないと混乱しますし、簡単に作りたいという目的が果たせません。

おススメなのは、仕上がりの輪郭を想定して図形をどんどん重ねていく方法です。最後に図形の合成をすれば、きれいな1つの図形が出来上がります。下の人物のイラストも、その方法で描いたものです。

なお、複数の図形が重なると、どれを前面に置き、どれを背面に置くかが大事になります。1つずつ丁寧に配置するようにしましょう。

▼本例の炊飯器のイラストに使った図形は6種類。
基本的な図形だけで描くことができる

▼複雑な線は、仕上がりの輪郭を想定して重ね合わせる。
本例は、前髪を1つの図形に合成して最前面に配置した

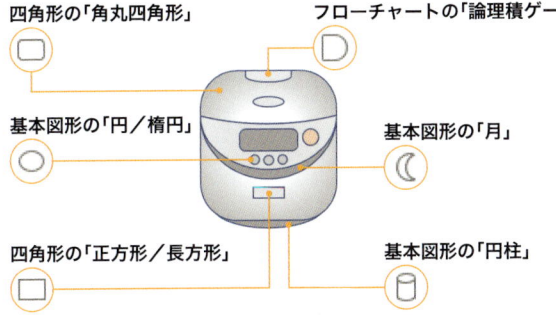

四角形の「角丸四角形」　　　フローチャートの「論理積ゲート」

基本図形の「円／楕円」　　　基本図形の「月」

四角形の「正方形／長方形」　　基本図形の「円柱」

使用している図形を調べる

イラストで使った図形の種類を調べたいときは、［ホーム］タブの「編集」にある［選択］をクリックして［オブジェクトの選択と表示］を選択すると、［選択］ウィンドウに使用した図形名が表示されます。ここの項目名とスライドの図形は、連動して選択できます。

Part7 81 オリジナルな単一図形を作る ➡ 139ページ参照

55 画面をキャプチャーして説得力を高めよう！

キーワード
スクリーンショット

企画書に新しいシステムの紹介で実画面を入れたり、競合他社のWebページで実情を紹介したりすることがあります。Print Screenキーや専用の撮影ソフトを使わなくても、**スクリーンショット**機能を使えば、キャプチャーした画面が簡単に取り込めます。

A 地図情報で一目瞭然

通行量や街の現況を分析する出店調査では、Web地図から周辺のエリアを取り込めば、誰が見てもわかる解説ページになります。道路や建物の情報がわかるため、企画の評価がしやすくなります。

> **5 出店候補地の現況**
>
> 候補地はメインストリートから北へ1ブロック内側に入った道にあります。通行量は多くないものの、周辺には数年前から飲食店やセレクトショップが目立ち始め、流行に敏感な人たちでにぎわいつつあります。
>
> 個人商店のホビーショップが集まっている。店頭では多様なジャンク品が展示・販売されている。
>
> 駅の西側は比較的低層のオフィスビルが多い。昼間は人の往来が多くにぎやかさを感じるが、夜は閑散としている。
>
> ファストフードや喫茶のFC店がいくつかあり、広場では各種イベントが定期的に行われている。
>
> IT系とベンチャー企業の入るビルが数棟ある。SOHO向けのビルもあり、再開発で整備されたエリア。

B 解説ポイントを絞って載せる

分析した内容は引き出し線と文字で解説を加えました。たくさんのコメントを入れるよりも、候補地を選んだ理由になるポイントを絞って載せるほうが説得力が出ます。

資料作成中にパッとキャプチャーでき、思考の流れが滞らない！

▶ キャプチャー操作が減る

通常、Windowsは Alt ＋ Print Screen キーで対象となるウィンドウをキャプチャーできます。しかし、その後で Ctrl ＋ V キーで貼り付けたり、「ペイント」などで不要な部分を加工・保存する操作が必要です。

パワポのスクリーンショット機能の便利な点は、これらの作業が省けることです。［挿入］タブの「画像」にある［スクリーンショット］をクリックし、目的のキャプチャー画面を選べば、スライドの中央にストンと取り込めます。操作ステップが減る分、集中してレイアウトに励むことができます。

▶ 一部を取り込むことも可能

Webページやソフトの「一部分だけをキャプチャーしたい」ときもあるでしょう。その場合は、［挿入］タブの「画像」にある［スクリーンショット］をクリックし、［画面の領域］をクリックします。

ここで対象となるウィンドウにタスクを切り替え、取り込みたい範囲をドラッグするだけです。これまでは、スライドに貼り付けたあとでトリミング処理が必要でしたが、それが不要になります。

貼り付けた画像は、写真やイラストと同様に、［図ツール］の［書式］タブにある各種機能を使って自由に加工できます。

▼航空写真で見せるのも、読み方の視点が変わって面白い

▼Webページを見せるだけで、多くの情報が伝えられる

▼資料を作る操作の中でキャプチャーできるので、
　思考の流れが滞らない

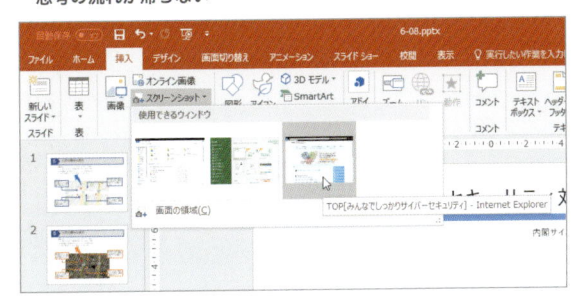

⌂ Part7 98 Webページをキャプチャーする ➡ 148ページ参照

タイトルを写真で
塗りつぶしてみよう！

キーワード
文字の
塗りつぶし

文字の変形を使うと、迫力のあるタイトルが作れますが、もっとセンスアップさせたいときは**文字を写真で塗りつぶす**という手があります。使用している写真で塗りつぶせば、ビジュアルに一体感が生まれてイメージが鮮明になります。表紙なら一層大胆にレイアウトできるでしょう。

A
ユニークなタイトルでアピール
下に配置した写真で変形後の文字を塗りつぶしました。フォントはHGP創英角ゴシックUBを使い、文字の輪郭（紫・1pt）や影（外側、オフセット：右下）を設定しています。

Fresh sale in spring 2018

集中セール企画書

B
カラフルで一体感のある雰囲気に
カラフルな写真を使って、陽気な春のイメージを強調しました。下に配置した写真は上下をトリミングしていますが、塗りつぶし文字は加工前のデータで塗りつぶしています。

使用するデータや文字サイズを調整して見え方を整える！

▶ 文字を太くしてから塗りつぶす

文字を写真で塗りつぶすときは、文字にウエイト（太さ）がないと効果が出ません。入力した文字を変形した上で図形を拡大し、文字の太さを確保したサイズにしてから塗りつぶしてください。

そして、フォントはMSゴシックやHGP創英角ゴシックUBなどの太いものを使ってください。細いフォントでは、文字変形後に図形を拡大しても十分な太さの文字になりません。

▼HGP創英角ゴシックUB、文字の輪郭（ゴールド・1pt）、影（内側、内側：下）、光彩

▶ 鮮明に見えるバランスを探す

塗りつぶした文字の見栄えは、変形後の文字数とサイズ、写真の構図と配色が関係してきます。それぞれを入れ替えるなどして、最も鮮明に見えるバランスを見つけてください。

なお、塗りつぶしには、ファイルで塗りつぶす方法と、クリップボードのコピーデータで塗りつぶす方法があります。トリミングなどで加工中の写真や、ほかのスライドに貼り付けてある未保存の画像を使うときは、Ctrl ＋ C キーでコピーして、［図形の書式設定］の［クリップボード］をクリックします。

▼HGP創英角ゴシックUB、文字の輪郭（グレイ・1pt）、影（外側、オフセット：右上）、面取り（溝）

▼HGP明朝E、文字の輪郭（赤系・1.5pt）、影（透視投影：右下）、光彩

▼トリミングした下の写真をコピーして文字を塗りつぶした例

📄 **Part7** 89 文字を画像で塗りつぶす ➡ 143ページ参照

57 見てもらいたい箇所を キラッと光らせよう！

キーワード
アニメーション

出力紙を披露する企画書では、動きのある**アニメーション**は使いません。しかし、良好な関係のお客様や、上司にデータを渡して見てもらう環境では、動きでワクワクさせて、読み手を引き寄せる仕掛けがあってもいいでしょう。そんなときアニメーションは、最良のスパイスになります。

A ワイプでプロセス図を印象付ける

4つの項目が順番に現れるアニメーションです。プロセス図を表す動きとしてシンプルながらも最適です。「開始」のワイプを1秒のタイミングで動かしています。

提案型営業のプロセス

課題定義	解決策	概算見積	クロージング
問題点と解決策の必要性を認識してもらう	解決策を具体的にイメージしてもらう	投資計画と金額、メリットを理解してもらう	解決策の実行と効果を理解してもらう

B 自動でアニメーションが動く

ページを開くと自動的にアニメーションが動くように、動作のタイミングを「直前の動作の後」に設定しています。ブロック矢印（山形）と中の文字は、それぞれグループ化しています。

使いどころを絞って、インパクトある見せ方にする！

注目点を作ってそこを動かす

派手で楽しいアニメーションですが、無用に使うものではありません。アニメーションを使う箇所は、要素の関係性や時系列をしっかり理解してもらいたい箇所に絞りましょう。例えば、キーワードを見せるとき、結論を見せるとき、図解の核心を見せるときというように、**注目点を作ってそこを動かす**ことが大事です。動きはそれ自体が目を引きますから、ページ内の「ここぞ！」という箇所を動かすだけで十分に目立ってくれます。出しゃばり過ぎないアニメーションは、主張を明快にして、読み手の理解を助けてくれます。

ワイプやフェードを使ってみる

パワポのアニメーションには、多くの種類が用意されています。

派手な動きをするものもありますが、まずは**ワイプ**（一定の方向で徐々に表れてくる効果）、**フェード**（浮かび上がってくるような効果）、**ズーム**（徐々に大きくなってくる効果）のいずれかを使ってみましょう。基本的ながら十分目立つ開始のアニメーションです。

選んだアニメーションを印象的に見せたいなら、動き出しのタイミング（遅延）を調整してやや間を持たせたり、動いている時間（継続時間）を変更してスピードを変えてみるのもいいでしょう。動き出しの印象が強くなったり、よりインパクトが感じられるようになります。

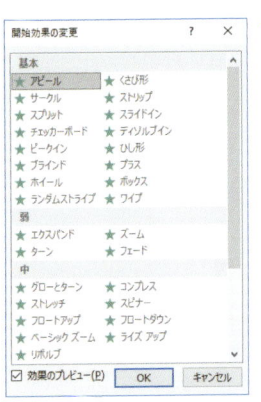

▼「開始」は、スライドに登場させるときの効果

▼項目が左から順番に出現してくる（スライドイン）。図形が静止すると、下の説明文が出る（ワイプ）

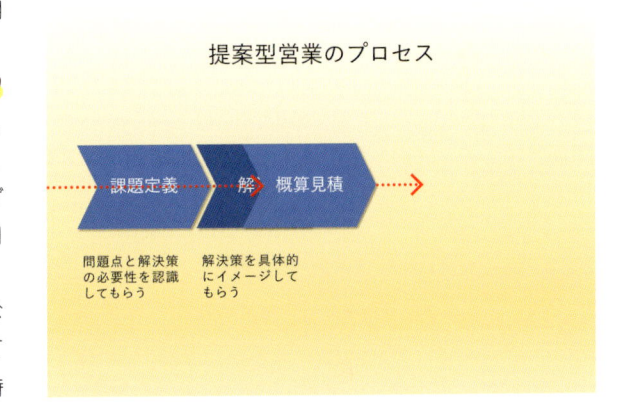

▼付箋紙をクリックするとはがれ落ち（シンク）、中の文字と下の説明文が表れる（ワイプ）

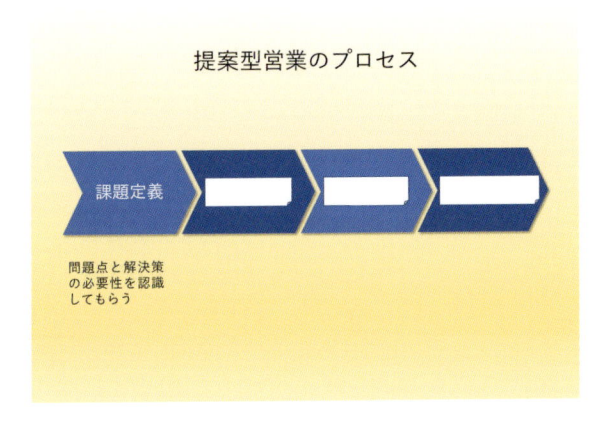

Part7 94 アニメーションを自動で開始させる → 146ページ参照

使用した写真を圧縮して、ファイルの容量を小さくする

画像の圧縮

　比較的小さな容量に仕上がるパワポですが、写真や画像を多用するとサイズが大きくなります。何十ページにもわたるプレゼンや多数の写真を含む企画書では、簡単にメールで送信したり共有フォルダーに入れるわけにはいかなくなります。この問題の解決策の1つに、**画像を圧縮する**方法があります。

　トリミングで加工した画像は表面上カットされて見えますが、実際は周囲の画像は残ったままです。[図のリセット]をクリックすると元に戻りますが、見えない部分を削除してもよい場合は、画像を圧縮する操作をしましょう。

　手順は、まず任意の画像をクリックして、[図ツール]の[書式]タブにある「調整」の[図の圧縮]をクリックします。[図の圧縮]ダイアログボックスの「圧縮オプション」にある[この画像だけに適用する]をクリックしてオフにし、[図のトリミング部分を削除する]をオンにします。「解像度の選択」では「画面用(150ppi)…」を選択すると、モニターで見る分には問題はないでしょう（使用する画像によって、オンにできない場合があります）。[OK]ボタンをクリックしてファイルを保存すると、画像が圧縮されます。

▼トリミングしても元図は残ったまま…。不要なら削除しよう

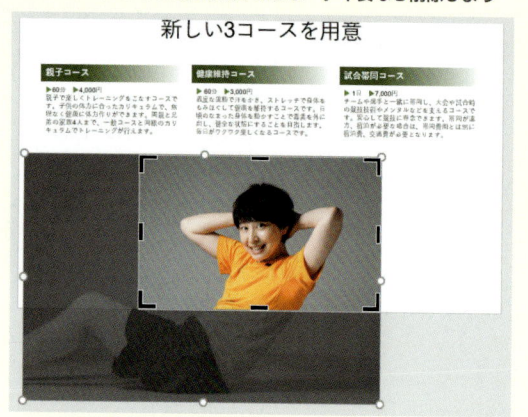

▼この操作ですべての画像が圧縮できる

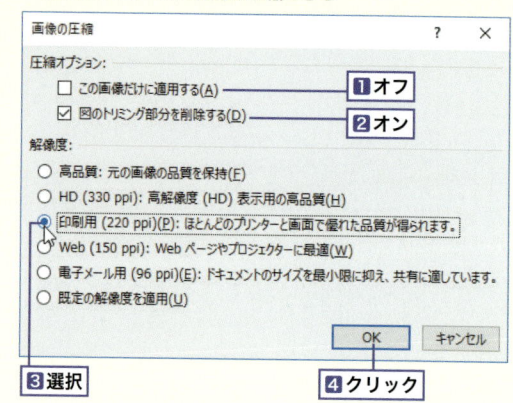

▼図の圧縮前は1.64MBが…

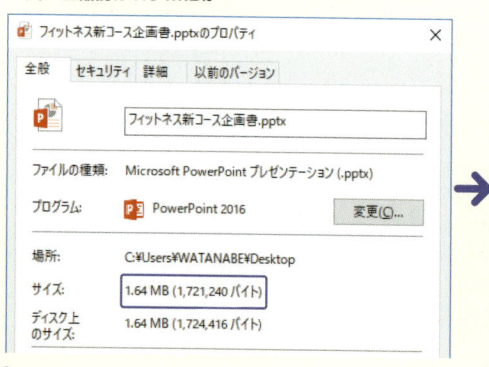

▼圧縮後はたった210KBになった！

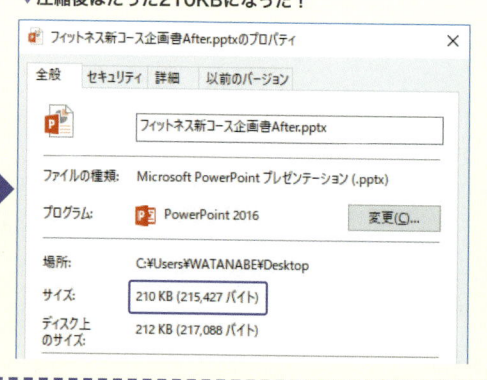

Part 7

テキパキとレイアウトしたい。
パワポの機能と操作を覚えよう！

必要な情報要素をスライド上に並べ、自分の想像力に従ってレイアウトするのが、パワポで企画書を作る基本的な使い方です。

さらに、相手に「伝わる」ように仕上げるには、パワポの適切な機能を選び、表現するテクニックが必要になります。本書で紹介した企画書を作る過程では、多くの機能を使っています。本章では、それらの機能を中心に紹介します。

58 文字を変形してインパクトを出す

文字
文字の変形

文字を**変形**すると、インパクトのある文字になります。変形後は影や反射、文字の輪郭といった機能が使えますので、ユニークさをより際立たせることができます。

Part3 25 インパクトある文字に変身させよう！ ➡ 54ページ参照

① テキストボックスをクリック

② ［描画ツール］の［書式］タブにある「ワードアートのスタイル」の「文字の効果」をクリック

③ ［変形］の［四角］などを選択

④ 文字が変形される

※文字変形後はサイズ変更ハンドルをドラッグして、サイズを拡大して見栄えを整えてください。

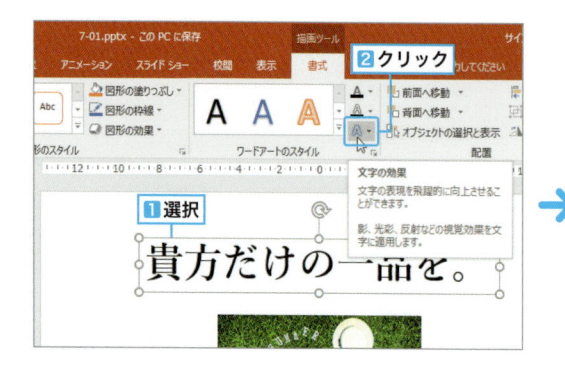
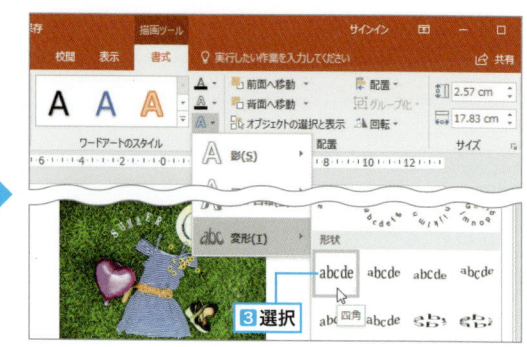

59 行内文字の書き出し位置を揃える

文字
文字の
位置揃え

1行内に文字を離して配置する場合、書き出し位置や金額の桁が揃っているときれいに見えます。**タブマーカー**を**ルーラー**のタブ位置に指定して、書き出し位置を自在に操ることができます。

Part4 32 行内の文字を揃えて美しく見せよう！ ➡ 70ページ参照

① `Ctrl`+`A`キーで全文を選択

② ルーラー左端の［タブセレクタ］を何度かクリックして右揃えタブを表示

③ その状態でルーラー上をクリック

④ タブマーカーが表示され、金額だけが右揃えになる

⑤ 同様の操作をして、必要な揃え位置を指定する

※ルーラーが表示されていない場合は、［表示］タブの「表示/非表示」にある［ルーラー］のチェックをオンにします。

※本例は、項目間に `Tab` キーのインデントが設定してあります。設定していない場合は、この操作を終了した後に `Tab` キーで1つずつ動かしてください。

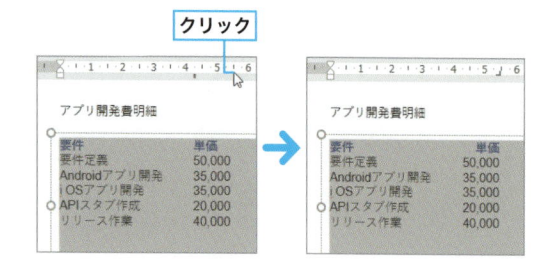
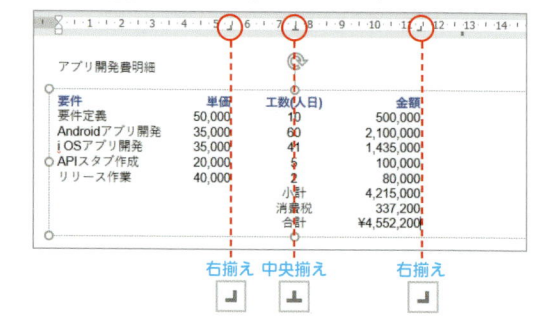

60 文字間を詰めたり広げたりする

文字
文字の間隔

文字と文字の間隔（字間）を詰めると、緊張感が生まれ動的な印象になり、逆に広げると余裕や安心感、おおらかさが出ます。間延びして見えるときは、詰める調整をしてみましょう。

① 文字列を選択して、［ホーム］タブの「フォント」にある［文字の間隔］をクリック

② ［より狭く］などを選択

③ 字間が詰まる

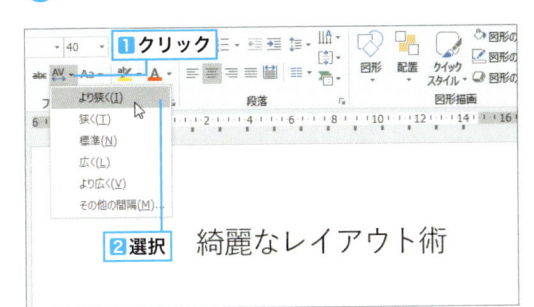

※字間を細かく設定したいときは、［フォント］ダイアログボックスの［文字幅と間隔］タブで設定します。
1文字単位で広げたり詰めたりできます。

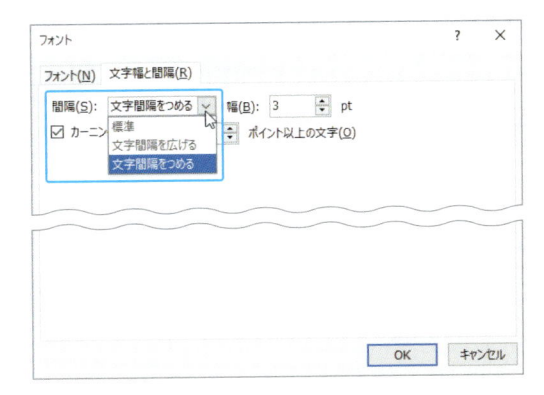

61 文字の色を透明にする

文字
文字の色

文字を**透明**にすると、文字や画像に重ね合わせて奥行きのある表現ができます。おしゃれなロゴ風のデザインにしたり、キャプションを写真上に配置して一体感のあるレイアウトが楽しめます。

① テキストボックスを選択

② 右クリックして［図形の書式設定］を選択

③ 「文字のオプション」の「文字の塗りつぶし」にある「透明度」の数値を指定

④ 文字が透けて見える

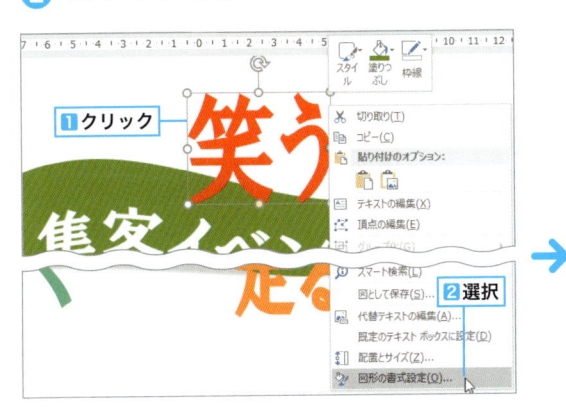

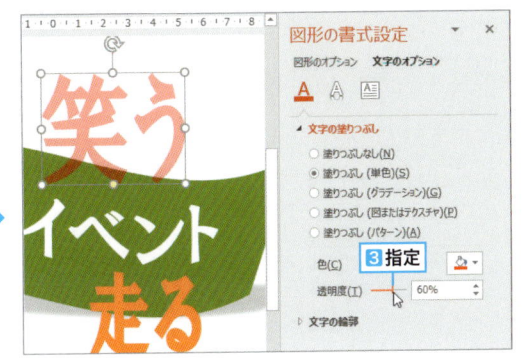

62 レベルのある箇条書きを作る

文章
箇条書きの作成

箇条書きを階層にすると、情報のまとまりが明確になります。その際、1行ずつ指定するよりも、まとめて指定すると効率的です。 Tab キーだけでインデントが設定できます。

Part3 19 箇条書きで"見える文章"を作ろう！ → 42ページ参照

① Ctrl キーを押しながらインデントしたい文章（段落）を選択

② Tab キーを押す

③ インデントが設定されて階層が1つ下がる

※ Tab キーの代わりに［ホーム］タブの「段落」にある［インデントを増やす］をクリックしても同じ結果になります。下がった階層を上げるときは、隣にある［インデントを減らす］をクリックするか、 Shift ＋ Tab キーを押します。

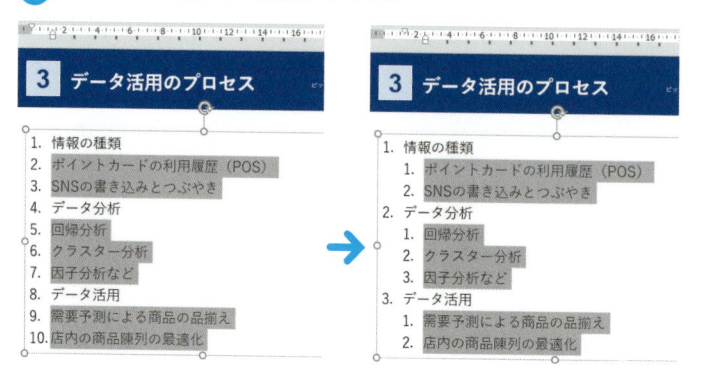

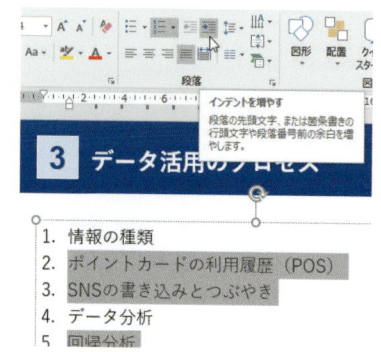

63 テキストボックスの余白を調整する

文章
テキストボックス
の余白

文字を図形と重ね合わせると、サイズによってズレたり縁にかかって読みにくくなります。字面が大きいメイリオは、下の空きが広くなります。美しく見えるように**余白**を調整しましょう。

Part5 40 余白を活用してさりげなく強調しよう！ → 88ページ参照

図形内の文字バランスが悪い

① テキストボックスを選択

② 右クリックして［図形の書式設定］を選択

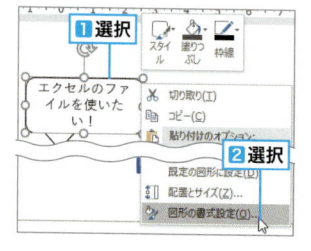

③ 「文字のオプション」の「テキストボックス」で余白の数値（ここでは左右余白をゼロ）を指定

④ 文字が追い込まれて、バランスがよくなった

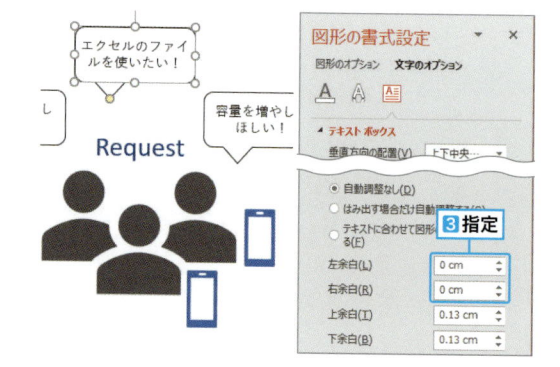

64 テキストボックスの自動調整を防ぐ

文章
自動調節

テキストボックスに入力した文字のサイズが自動的に小さくなったり、図形内の文字数によって自動的に図形の大きさが変わることがあります。不便を感じたら「**自動調整なし**」に設定しましょう。

枠の大きさを
超えた文章を
入力すると…

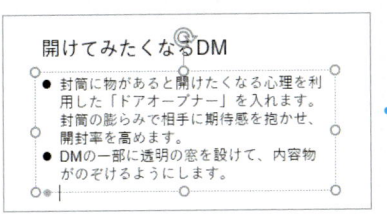

文字が小さく
なっていく

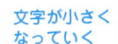

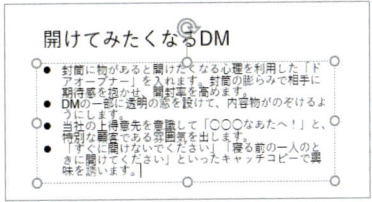

1. 右クリックして［図形の書式設定］を選択

2. 「文字のオプション」の「テキストボックス」にある［自動調整なし］をオン

3. 文字の大きさが元に戻る

4. 最後に枠の大きさをドラッグして調整

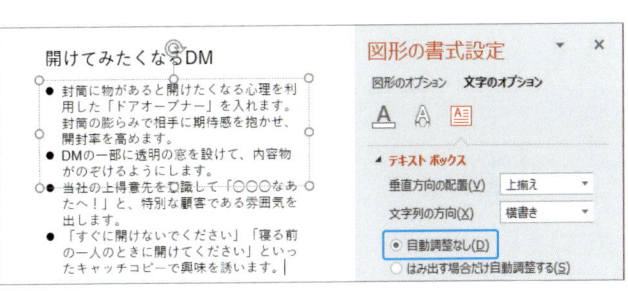

65 段落の間隔を変更する

編集
段落の変更

段落の間隔を少し広げると、文章のかたまりが意識されて内容が理解しやすくなります。Enter キーで1行空けるといった見せ方よりも、美しく読みやすい行間隔が表現できます。

Part3 20 文章は区切りのいい位置で改行しよう！ ➡ 44ページ参照

1. 文章またはテキストボックスを選択して、［ホーム］タブの「段落」にある［段落］ダイアログボックス起動ツール ⌐ をクリック

2. ［インデントと行間隔］タブをクリック

3. 「間隔」の「段落後」ボックスで数値（ここでは12ポイント）を指定

4. ［OK］ボタンをクリックすると、段落間が広がる

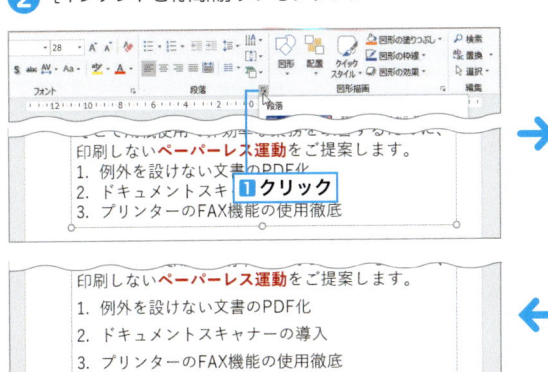

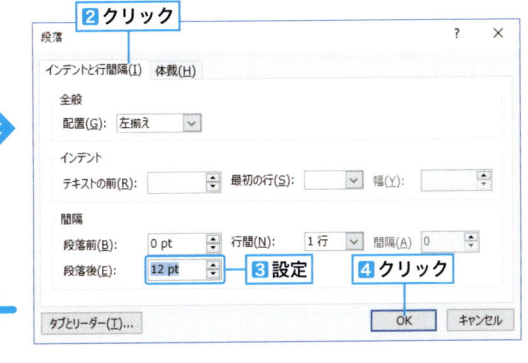

66 文章の行間を変更する

編集
行間の変更

適度に空いた**行間**は読みやすく、内容がつかみやすくなります。最適な行間は、1行の文字数と行数、フォントと文字サイズが関係してきます。美しく感じる行間を見つけてください。

Part5 41 最適な行間を見つけて雰囲気を変えよう！ ➡ 90ページ参照

1 文字サイズを確認してテキストボックスをクリック

2 [ホーム]タブの「段落」にある[段落]ダイアログボックス起動ツールをクリック

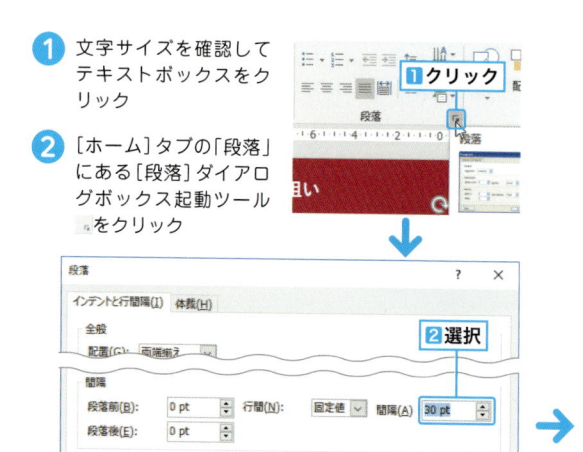

3 [インデントと行間隔]タブをクリック

4 「間隔」の「行間」ボックスで[固定値]を選択

5 「間隔」ボックスでポイント数（ここでは30ポイント）を指定

6 [OK]ボタンをクリック

7 行間が広がる

※[ホーム]タブの「段落」にある[行間]で[1.5]行などを選択すると、簡単に行間を広げられます。

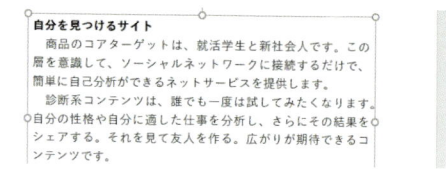

67 入力文字をSmartArtに変換する

編集
SmartArtに
変換

文書を推敲中に「やはり図解にしよう！」と思ったら、**Smart Artに変換する**機能が便利です。入力済みの文字や箇条書きをSmart Artのグラフィックに変換する、通常とは逆の機能です。

1 テキストボックスを選択

2 [ホーム]タブの「段落」にある[SmartArtグラフィックに変換]をクリック

3 ギャラリーから目的のグラフィックを選択

4 Smart Artに変換される

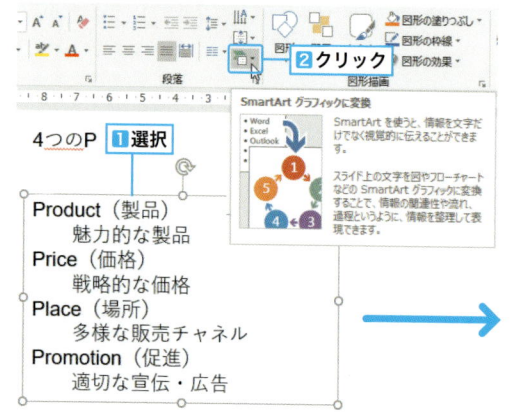

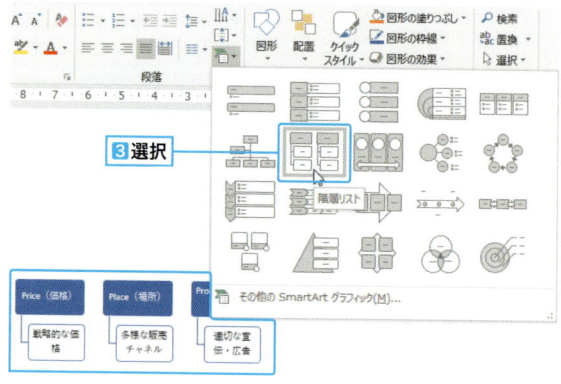

68 文章を三段組みにする

編集
段組みの設定

なかなか文章を減らせないときは**段組み**にするといいでしょう。1行当たりの文字数が減って長文が読みやすくなります。窮屈になりがちなレイアウトスペースを効率よく使えるようになります。

Part3 26 1行の文章を短くして読みやすくしよう！ ➡ 56ページ参照

❶ テキストボックスを選択

❷ ［ホーム］タブの「段落」にある［段の追加または削除］≡・をクリック

❸ ［3段組み］などを選択

❹ テキストボックスが三段組みになる

※三段以上などの設定をしたいときは、操作❸のときに［段組みの詳細設定］を選択し、［段組み］ダイアログボックスで段数と段の間隔を指定します。

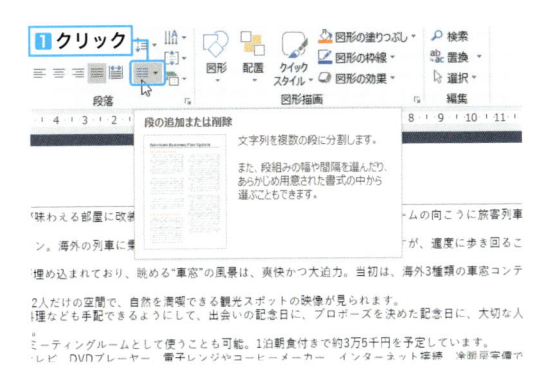

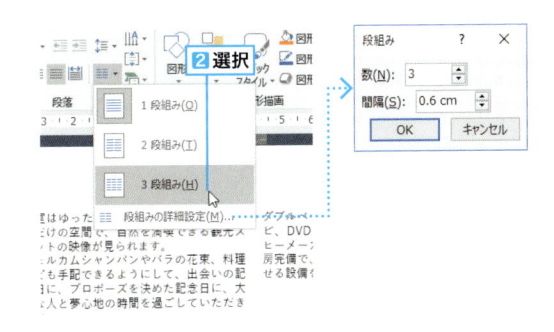

69 書式情報を連続してコピーする

編集
書式の設定

複数の箇所に書式を適用するのに、何度も書式のコピーと貼り付けのクリック操作を繰り返してはいませんか？ ［**書式のコピー/貼り付け**］をダブルクリックするだけで、連続コピーができます。

❶ テキストボックスや文字、図形をクリック

❷ ［ホーム］タブの［書式のコピー/貼り付け］をダブルクリック

❸ ポインタのアイコンが🖌に変わったら、適用させたい対象をクリック

❹ 以降、書式のコピーモードが維持される

※書式のコピーを終了したいときは、Escキーを押します。

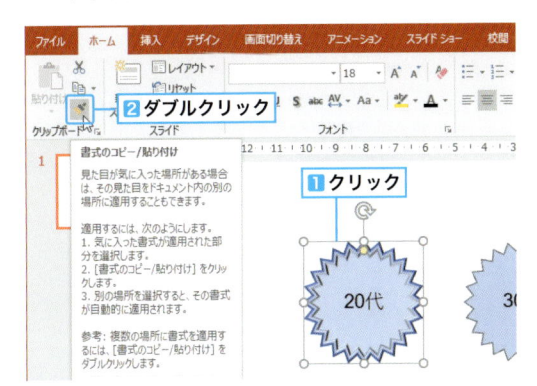

70 特定のフォントを別のフォントに変更する

編集
フォントの置換

他と異なるフォントを使った言葉を、別のフォントに変更したいときがあります。目を凝らして対象のフォントを探さなくても、**フォントの置換**でピンポイントの変更ができます。

1 [ホーム]タブの「編集」にある[置換]の▾をクリック

2 [フォントの置換]を選択

3 「置換前のフォント」ボックスの▾をクリックしてフォントを選択

4 「置換後のフォント」ボックスの▾をクリックしてフォントを選択

5 [置換]ボタンをクリック

6 [閉じる]ボタンをクリック

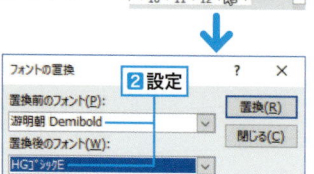

7 フォントが置換される

※あらかじめ変更したいフォントの文字にカーソルを置いておくと、操作**4**の「置換前のフォント」ボックスに該当のフォント名が表示されます。

具体的にはガラス窓を大きくし、外からも店内が見えやすくします。テーブルとイスを普段の**カフェ**と同様に配置し、コーヒーを出してもてなします。旅行選びで初めての人。チケットを取りに来る人。旅行カタログを見に来る人。どんな人が何度でも、気持ちよく気兼ねなく入店でき、お客様が居心地よく相談できる。そんな店づくりを**カフェ**風の店舗で実現します。

具体的にはガラス窓を大きくし、外からも店内が見えやすくします。テーブルとイスを普段の**カフェ**と同様に配置し、コーヒーを出してもてなします。旅行選びで初めての人。チケットを取りに来る人。旅行カタログを見に来る人。どんな人が何度でも、気持ちよく気兼ねなく入店でき、お客様が居心地よく相談できる。そんな店づくりを**カフェ**風の店舗で実現します。

71 まっすぐな線を引く

罫線
直線の作成

縦横の直線は、まっすぐに引いたつもりでも微妙にずれることがあります。解決策は、**Shift キーを押しながらドラッグする**こと。これだけでまっすぐに線が引けます。

1 [挿入]タブの「図」にある[図形]から直線や矢印を選択

2 Shift キーを押しながらドラッグ

3 まっすぐな線が引ける

※引き終わった線が直線かどうかは、[描画ツール]の[書式]タブにある「サイズ」の図形の高さと幅の数値を確認してみましょう。横(水平)の直線は「高さ」がゼロ、縦(垂直)の直線は「幅」がゼロになります。ドラッグ操作でまっすぐに線にならないときは、このボックスを「0cm」にしてください。

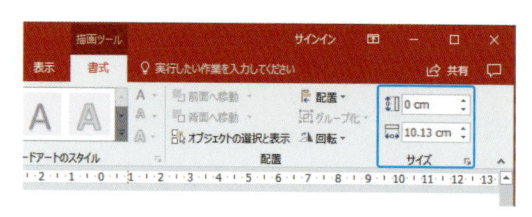

72 Bingでイメージ検索した罫線を使う

罫線
直線の作成

Bingのイメージ検索を使って罫線を見つけ、好みのグラフィックをダウンロードすれば、図形の罫線とは違った雰囲気のレイアウトが作れます。著作権等を確認した上で利用しましょう。

Part2 13 罫線を使って情報にメリハリを付けよう！ ➡ 28ページ参照

① [挿入] タブの「画像」にある [オンライン画像] をクリック

② 「Bing」の検索ボックスに「罫線」や「飾り罫線」などのキーワードを入力し、検索を実行

③ 好みの罫線の画像を選択

④ [挿入] ボタンをクリック

⑤ スライドに罫線が挿入される

⑥ サイズや位置などを調整してレイアウトする

※Bingのイメージ検索では、クリエイティブコモンズによってライセンスされている画像が表示されます。

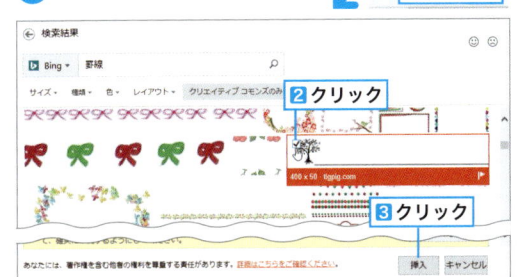

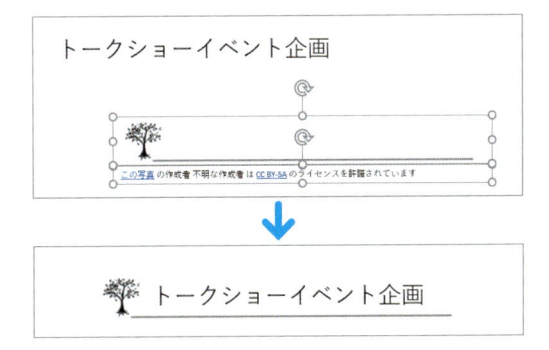

73 表スタイルを適用する

表
表の作成

表スタイルは、あらかじめ用意されている表の書式パターンです。罫線や網掛けといった表の見た目（外観）を手早くデザインしてくれます。目に優しい「淡色」のスタイルがおススメです。

① 表を選択

② [表ツール] の [デザイン] タブにある「表のスタイル」の▽をクリック

③ 好みのスタイルを選択

④ 確定すると、スタイルが適用される

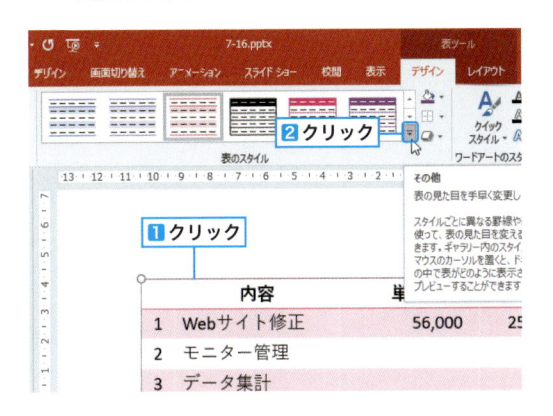

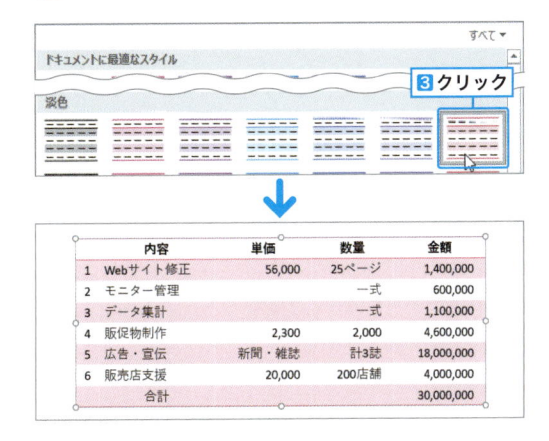

74 表のセル内の余白を調整する

表
表の編集

セル内の文字や数値が隣接する表の罫線に近いと、どうしても窮屈に見えます。レイアウトが崩れない程度に**セル内の余白**を広げてみましょう。よく見える数値は伝わりやすくなります。

Part4 31 情報を表にして賢く見せよう！ ➡ 68ページ参照

① 表をクリック

② [表ツール]の[レイアウト]タブにある「配置」の[セルの余白]をクリック

③ メニューから[広い]を選択

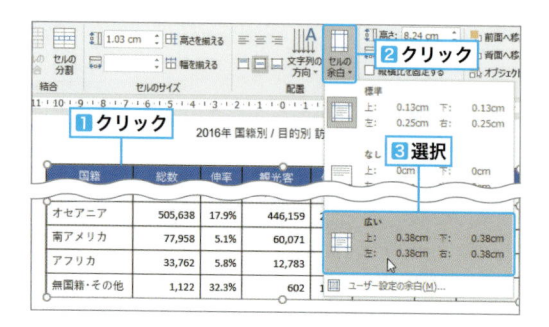

④ セル内の余白が広がる

国籍	総数	伸率	観光客	伸率	商用客	伸率	その他客
全体	24,039,700	21.8%	21,049,676	24.0%	1,701,902	3.7%	1,288,122
アジア	20,428,866	22.7%	18,253,834	24.4%	1,113,683	5.1%	1,061,349
ヨーロッパ	1,421,934	14.2%	1,030,228	18.2%	285,886	2.5%	105,820
オセアニア	505,638	17.9%	446,159	20.0%	41,327	3.0%	18,152

⑤ 表のサイズや列幅を整える

※余白のサイズを指定したいときは、操作②で[ユーザー設定の余白]を選択し、ダイアログボックスの「内部の余白」の上下左右ボックスに数値を入力します（画面は初期値）。

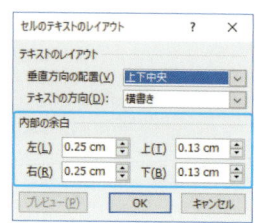

75 表の列幅を均等に揃える

表
表の編集

表の列幅や行の高さが均等に揃っていると、落ち着きと安心感が出ます。1つひとつドラッグ操作を繰り返すのは面倒ですから、**クリックだけでサイズが揃う**機能を使いましょう。

① 表をクリック

② [表ツール]の[レイアウト]タブにある「セルのサイズ」の[列の幅の設定]ボックスに数値（ここでは5cm）を入力

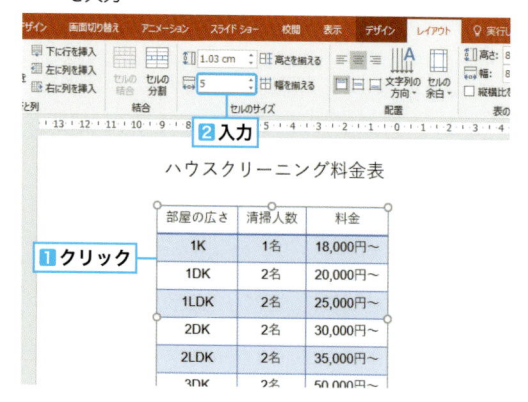

③ 列幅が均等に揃う

※操作①のとき、セル内をクリックして実行すると、その列だけが広がります。

※同グループにある[幅を揃える]は、クリックするだけで列幅を揃えてくれます。ただし、表のつくりによっては実行後に崩れることがありますので、あらかじめ適度に表の横幅を広げてから行いましょう。

ハウスクリーニング料金表

部屋の広さ	清掃人数	料金
1K	1名	18,000円〜
1DK	2名	20,000円〜
1LDK	2名	25,000円〜
2DK	2名	30,000円〜
2LDK	2名	35,000円〜
3DK	2名	50,000円〜
3LDK	2名	55,000円〜

76 フリーフォームの図形を作る

7

図形
図形の作成

使いたい図形が見当たらないときは、**フリーフォーム**で作りましょう。フリーフォームは、ギザギザな線や不規則な線を描く方法です。連続した角度のある線や、閉じられた図形を描けます。

① [挿入]タブの「図」にある[図形]をクリック

② [フリーフォーム]を選択

③ ポインタが十字に変化する

④ 始点でクリック

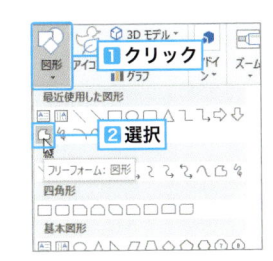

⑤ 描く図をイメージしながら、形状が変化する点（頂点）でクリックしていく

⑥ 最後に、始点に合わせてクリック

※操作⑥のとき、ポインタが始点に合わさると図形がプレビューされます。閉じた図形を作らない場合は、始点に合わせずに Esc キーで終了させてください。

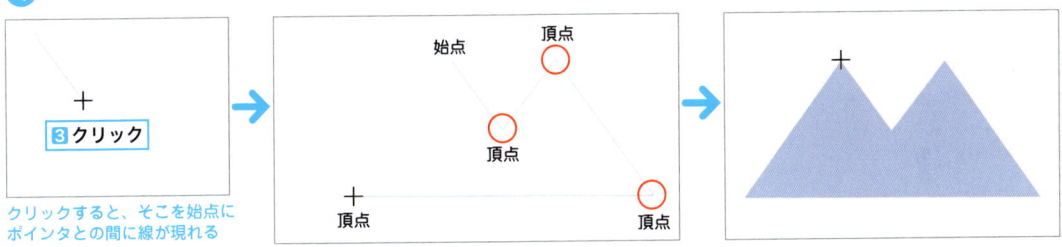

クリックすると、そこを始点にポインタとの間に線が現れる

---

77 同じ図形を連続して描く

図形
図形の作成

通常、図形を1つ描いたら描画モードは終了しますが、同じ**図形を連続して描く**こともできます。何個でも描き続けられますので、同じ図形を使って図解するときに役立ちます。

① [挿入]タブの「図」にある[図形]をクリック

② 目的の図形アイコン上で右クリックして、[描画モードのロック]を選択

③ 図形を挿入

④ 必要なだけ図形を描く

※連続描画モードは Esc キーで解除できます。

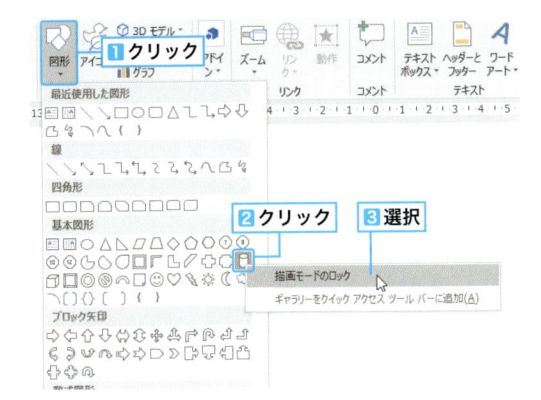

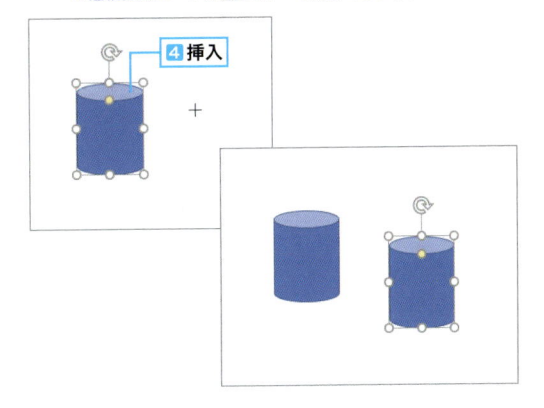

78 作成済みの図形を別の種類に変える

図形
図形の変更

たくさんの図形を1つひとつ変更していては大変です。複数の図形のかたちを"一発"で変更する方法があります。色や罫線、効果といった書式情報はそのままなので、追加の手間はありません。

1 Shift キーを押しながら、複数の図形をクリック

2 [描画ツール]の[書式]タブにある「図形の挿入」の[図形の編集]をクリック

3 [図形の変更]から変更したい図形(ここでは角丸四角形)を選択

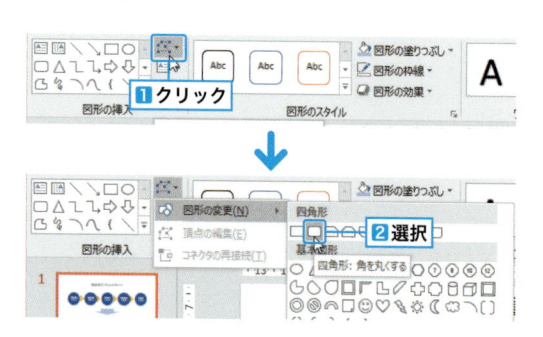

4 書式はそのままで図形の種類が変わる

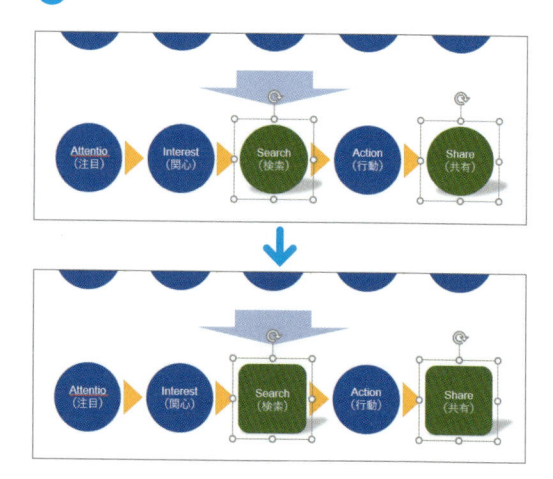

79 SmartArtを分解して使う

図形
図形の変更

SmartArtのグラフィックは、複数の図形が集まって構成されています。2回のグループ解除をすることで、個々の図形を独立して扱えます。一部の図形を使いたいときに試してみましょう。

Part6 49 馴染みのあるフレームワークでスマートに伝えよう！ → 108ページ参照

1 作成したSmartArtを選択して、Ctrl + Shift + G キーを押す

2 もう一度、Ctrl + Shift + G キーを押す

3 グループ解除されて全要素が選択される

4 不要な要素を選択して Delete キーで削除

5 色や罫線を加工してオリジナルの図解を作る

※操作**1**の代わりに、[SmartArtツール]の[デザイン]タブにある「リセット」の[変換]をクリックし、[図形に変換]を選択しても、同じ結果になります。

※グループ解除後の図形は、標準の図形とは異なります。図形の縦横比を変えるとかたちが崩れますので、図形の変更(前節を参照)をしてから加工しましょう。

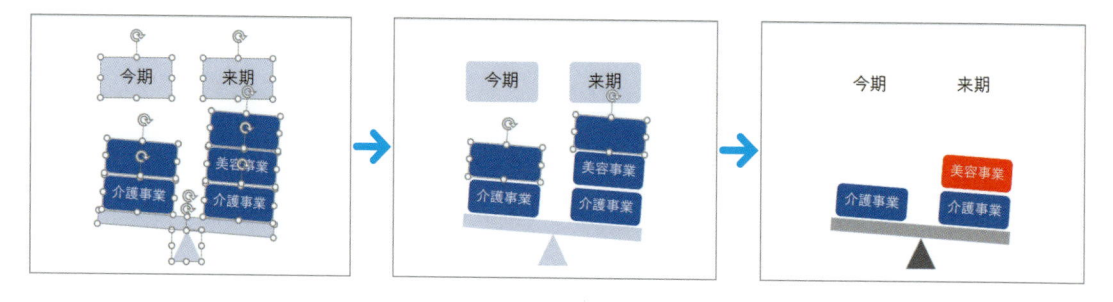

80 複数の図形をグループ化する

7

図形
図形の編集

複数の図形を**グループ化**すると、1つの図形として扱えるようになります。グループ化した図形は、個々の図形の相対位置を崩さずに、まとめて移動したり拡大・縮小したりできるようになります。

Part6 48 長い説明は図解でスッキリさせよう！ → 106ページ参照

1 Shift キーを押しながら、複数の図形をクリック

2 Ctrl ＋ G キーを押す

3 グループ化される

※グループ化は、右クリックメニューの［グループ化］から［グループ化］を選択しても実行でき、［ホーム］タブの「図形描画」にある［配置］をクリックして［グループ化］を選択しても実行できます。

ここでは円とアイコンとテキストボックスをグループ化した

81 オリジナルな単一図形を作る

図形
図形の編集

複数の**図形を結合する**機能を使うと、標準図形とは異なる形状の図形が作れます。接合して1つの図形にしたり、重なりを切り出すなど、オリジナリティーあふれる単一図形が作れます。

Part6 54 思い切って自分でイラストを描いてみよう！ → 118ページ参照

1 Shift キーを押しながら、複数の図形をクリック

2 ［描画ツール］の［書式］タブにある「図形の挿入」の［図形を結合］をクリック

3 ［接合］を選択

4 図形が結合される

ここでは、上部の髪の毛の部分を選択

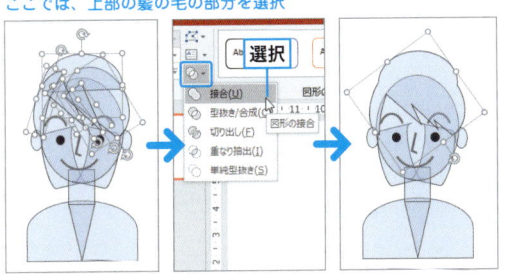

5 塗りつぶしや最前面に移動などをして仕上げる

※「接合」は図形の輪郭を抜き出し、「型抜き/合成」は重なり部分を切り抜いて合成します。
図形の結合を実行した後の書式は、最初に選択した図形の書式が継承されます。

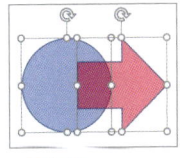

接合　　　　型抜き/合成　　　切り出し

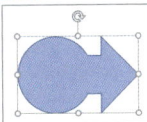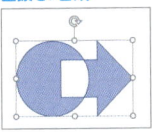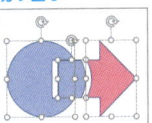

重なり抽出　　単純型抜き

82 図形の頂点を編集する

図形
図形の編集

図形は、形状が変化する頂点の連続で成り立っています。この**頂点を編集**すれば、好みの図形に変形できます。操作には慣れが要りますが、微妙なカーブや複雑な線が描けるようになります。

① 図形を選択

② [描画ツール]の[書式]タブにある「図形の挿入」の[図形の編集]をクリック

③ [頂点の編集]を選択

④ 頂点が表示される

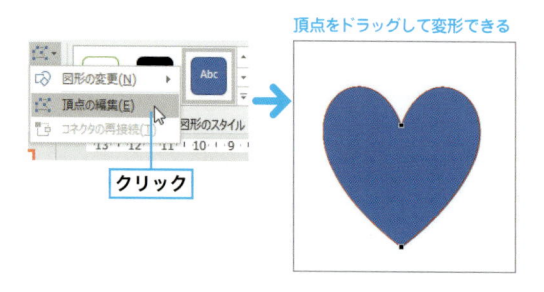

頂点をドラッグして変形できる

クリック

※頂点にポイントするとポインタが ✛ に変わり、クリックすると、頂点から伸びる線と白い四角のハンドルが表れます。ハンドルを引っ張る方向と長さで、図形の変形する程度が変わってきます。

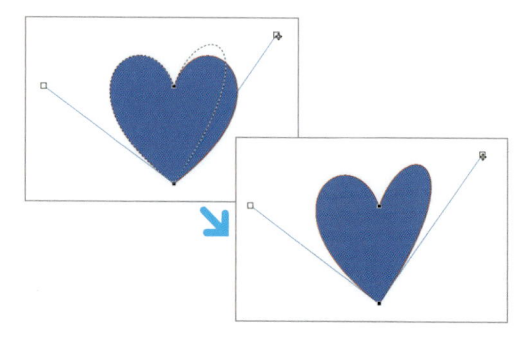

※線上にポイントすると ✛ に変わり、クリックで頂点を追加できます。また、Ctrl キーを押しながら頂点をポイントすると ✕ に変わり、クリックして頂点を削除できます。

83 円グラフの基線位置を変更する

グラフ
グラフの編集

円グラフの要素は、元データの順に12時の位置から表示されます。強調したい要素があるときは、**基線位置**を変更して表示順番を回転させましょう。見え方を変えると訴求力がアップします。

Part6 50 結論をスパッと言い表すグラフを作ろう！ ➡ 110ページ参照

① 円グラフの任意の要素を右クリックして[データ系列の書式設定]を選択

② [データ系列の書式設定]ウィンドウの「グラフの基線位置」で目的の要素が12時の位置に来るように数値（ここでは192度）を指定

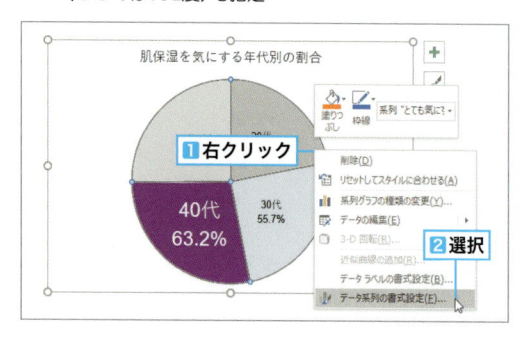

③ 「40代」の要素が12時に位置になる

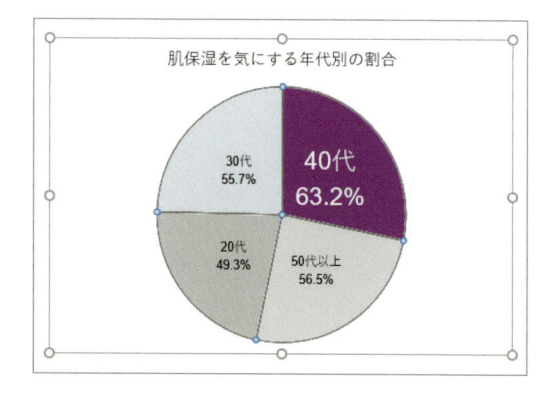

84 テキストボックスとグラフを一体化する

グラフ
グラフの編集

グラフエリアをクリックしてからテキストボックスや図形を挿入すると、**グラフと一体化**できます。グラフ移動に伴う移動忘れやレイアウトの崩れがなくなって、取り扱いがラクになります。

① グラフエリアをクリック

② テキストボックスや図形を挿入

③ 文字や位置を完成させる

以降はグラフエリア外にドラッグできなくなる

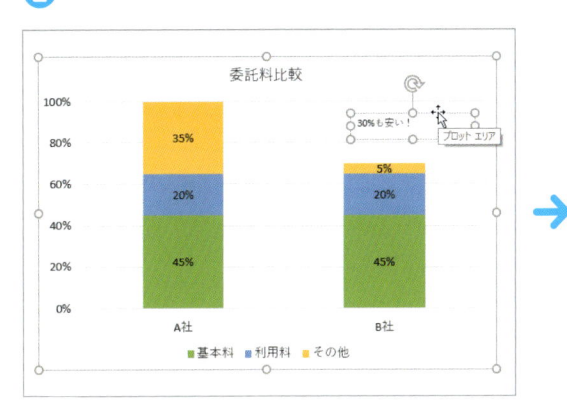

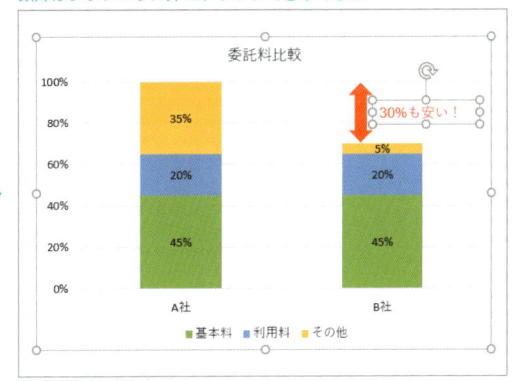

85 写真をトリミングする

画像
写真の
トリミング

写真の一部を切り取って、見せたい箇所を強調するのが**トリミング**です。写真が持っている情報をどのように伝えるかで、被写体が写る全体や一部の見せ方を変えるテクニックです。

Part5 44 写真を隅に置いて広がりや迫力を出そう！ ➡ 96ページ参照

① 写真をクリック

② [図ツール]の[書式]タブにある「サイズ」の[トリミング]をクリック

③ 写真の四隅と辺に黒い太線が表示される

④ 太線か写真をドラッグし、残したい箇所をトリミング枠の中に収める

⑤ Esc キーでトリミング処理を決定

⑥ 枠内だけがくり抜かれた写真が表示される

86 図形に合わせてトリミングする

画像
写真の
トリミング

星やハートといった特定の図形に合わせて**トリミング**することができます。画像は、縦横比を維持したまま図形内に収まるようにリサイズされます。写真の輪郭をサッと変えたいときに便利です。

Part5 45 写真を切り抜いて動きや変化を付けよう！ ➡ 98ページ参照

① 写真を選択

② [図ツール]の[書式]タブにある「サイズ」の[トリミング]の ▼ をクリック

③ [図形に合わせてトリミング]から切り抜きしたい図形（ここでは「涙形」）を選択

④ 図形のかたちに写真が収まる

※操作③で[塗りつぶし]を選ぶと、図の一部（通常周辺部）が削除されますが、可能な限り図形に収まります。[枠に合わせる]を選ぶと、画像全体が図形内に収まります。どちらの場合も縦横比は維持されます。

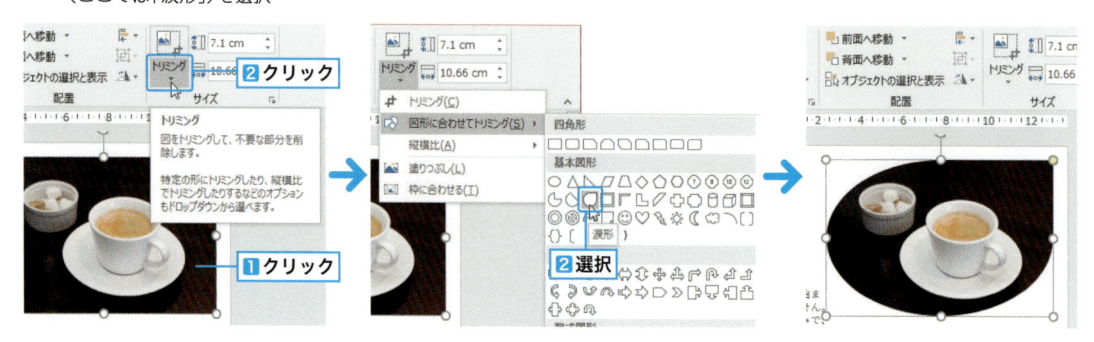

87 写真の被写体を切り抜く

画像
写真の切り抜き

トリミングの1つである**切り抜き**は、被写体の輪郭に沿って切り取る方法です。被写体そのものやかたちが際立ちますので、動きや楽しさが出て、紙面を演出する効果が生まれます。

Part5 45 写真を切り抜いて動きや変化を付けよう！ ➡ 98ページ参照

① 写真を選択して、[図ツール]の[書式]タブにある「調整」の[背景の削除]をクリックすると、背景が削除される

② 被写体をきれいに切り抜く

③ [図ツール]の[背景の削除]タブにある「閉じる」の[変更を保持]をクリックすると、切り抜かれた写真が表示される

※実行後、残したい部分が削除されるときは[保持する領域としてマーク]、削除したい部分が残るときは[削除する領域としてマーク]をクリックして、該当箇所ごとに修正してください。

88 書式を生かして画像を差し替える

画像
画像の差し替え

罫線の色や影などを設定した画像を差し替えたいときがあります。再度挿入し直して設定を一からやり直すのは手間です。**図の変更**で差し替えれば、書式設定はそのままなので効率的です。

① 差し替えたい写真をクリック

② 右クリックして［図の変更］から［ファイルから］を選択

③ ［図の挿入］ダイアログボックスで画像を選択

④ ［挿入］ボタンをクリック

⑤ 書式はそのままで、画像だけが差し替わる

※操作②のとき、［図ツール］の［書式］タブにある「調整」の［図の変更］をクリックし［ファイルから］を選択することもできます。

89 文字を画像で塗りつぶす

画像
画像の
塗りつぶし

変形した文字を**画像で塗りつぶす**と、迫力のあるユニークなタイトルが作れます。使用する画像を用意した上で、［図形の書式設定］ウィンドウで塗りつぶす設定をしてください。

Part6 56 タイトルを写真で塗りつぶしてみよう！ ➡ 122ページ参照

① 変形した文字をクリック

② 右クリックして［図形の書式設定］を選択

③ ［図形の書式設定］ウィンドウの「文字のオプション」をクリック

④ 「文字の塗りつぶし」の［塗りつぶし（図またはテクスチャ）］をオン

⑤ 「図の挿入元」の［ファイル］をクリック

⑥ ［図の挿入］ダイアログボックスで画像を選択して、［挿入］ボタンをクリック

⑦ 変形文字が画像で塗りつぶされる

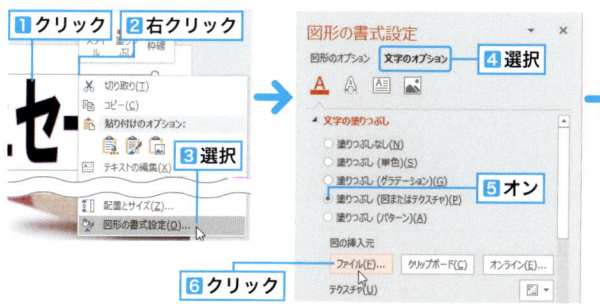

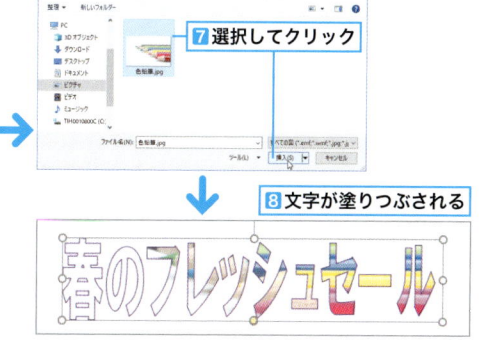

90 配色パターンを活用する

使用する色の選択に困ったら**配色パターン**を使いましょう。配色パターンには、多彩なテイストの色がセットで用意されています。色の選択ミスもなくなって、配色に統一感が出ます。

① [デザイン]タブの「バリエーション」の▼をクリック

② [配色]をポイントして好みのパターン（ここでは「赤紫」）を選択

③ 選択した配色が適用される

※デザインセットの「テーマ」を使うと、配色パターンも自動的に決定されます。

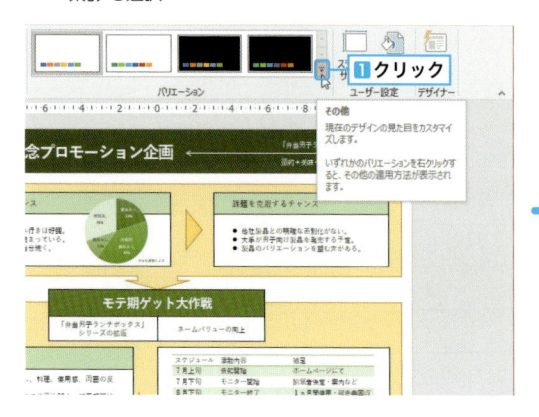

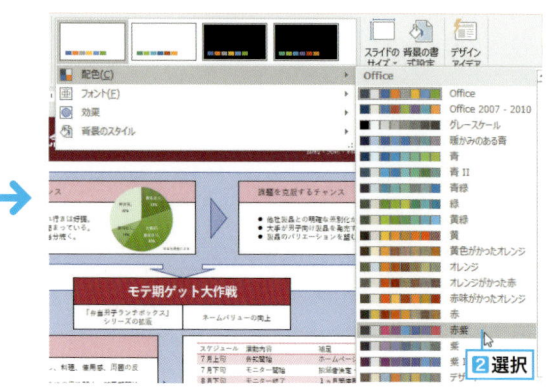

91 ほかの要素の色を拝借する

スポイトは、文字や図形、写真などの要素から特定の色を抽出する機能です。ロゴや製品カラーを配色に生かして使う色に意味を持たせれば、デザインの意図が明確になります。

Part4 34 読み手の心が動く色を見つけよう！ → 74ページ参照

① 色を適用したい文字や画像（ここではタイトル文字）をクリック

② [描画ツール]の[書式]タブにある「図形のスタイル」の[文字の塗りつぶし]をクリック

③ [スポイト]を選択

④ ポインタがスポイトのアイコン🖊に変わる

⑤ 抽出したい要素の色をポイントする

⑥ その色でよければクリック

⑦ 色が適用される

※変形文字や図形にスポイトの色を適用させる場合は、操作②で[図形の塗りつぶし]をクリックしてください。

右上に色とRGB値が表示される

RGB(59,74,110)
ブルーグレー

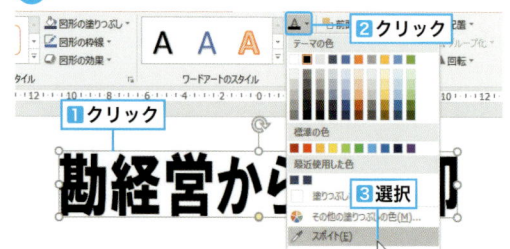

92 モノクロできれいに印刷する

印刷
印刷の設定

スライドを**モノクロ**で印刷するときは、白黒やグレースケール用に変換しておきましょう。文字がつぶれたり、罫線が不自然に印刷される失敗がなく、きちんと読み取れる資料で印刷できます。

「印刷」画面で［グレースケール］を選択すると、
文字が読めないことがある

① ［表示］タブの「カラー/グレースケール」にある［白黒］をクリック

② 白黒で表示される

③ 要素ごとにグレースケールなどを指定して読みやすく変更する

④ ［カラー表示に戻る］をクリック

変更したい箇所を選択して、［明るいグレースケール］をクリック

薄いグレーで塗りつぶされる

※ここで設定した内容でモノクロ印刷されます。
編集画面に戻れば、カラー表示されます。

93 影を印刷できる設定にする

印刷
印刷の設定

図形や文字に付けた**影などの効果**は、印刷されません。凝って作った透明グラフィックスが印刷されないこともあります。画面どおりに印刷したいときは、標準の設定を変更しなければなりません。

通常、設定した影などの効果は印刷されない

① ［ファイル］タブをクリック

② ［オプション］をクリック

③ ［詳細設定］をクリック

④ 「印刷」にある［高品質で印刷する（すべての影効果も印刷されます）］のチェックをオン

⑤ ［OK］ボタンをクリック

影が印刷されるようになる

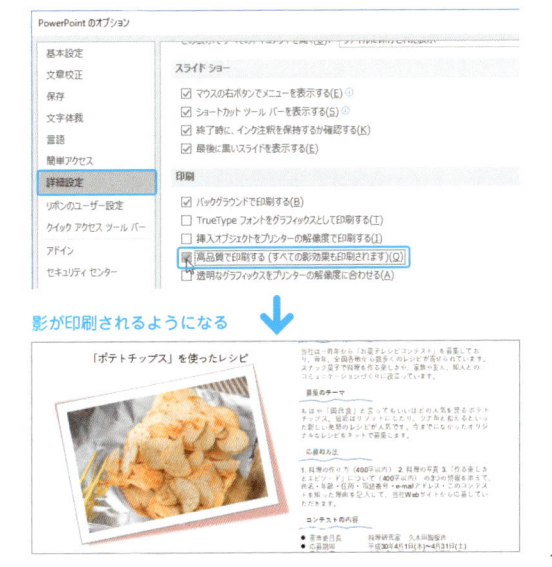

94 アニメーションを自動で開始させる

アニメーション
アニメーション
の設定

アニメーションは、スライドをクリックするごとに1つひとつが動作するようになっています。ページを開くと同時にアニメーションが始まると、読み手の興味も高まることでしょう。

Part6 57 見てもらいたい箇所をキラッと光らせよう！ ➡ 124ページ参照

① [アニメーション]タブの「アニメーションの詳細設定」にある[アニメーションウィンドウ]をクリック

② 効果が設定済みの一番上の項目をクリック

③ 右側の ▼ をクリック

④ [直前の動作の後]を選択

⑤ 以下、ほかのオブジェクトも同様に設定する

⑥ これで前の動作が終わると、連続して次の動作が始まる

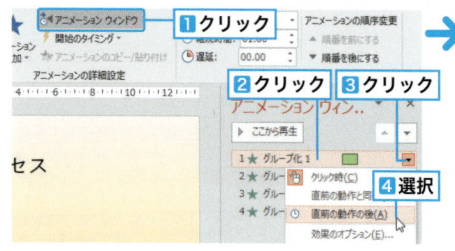

0番（スライド切り替えで自動開始）になる

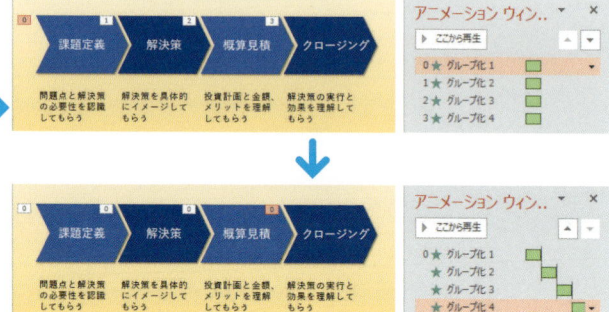

95 アニメーションの動きを調整する

アニメーション
アニメーション
の設定

図形がスピーディーに動いたり、"間"を置いて動き出したりするのがアニメーションの面白さです。個々の要素の動き出しの**タイミング**を調整して、印象に残る動きを設定してみましょう。

① [アニメーション]タブの「アニメーションの詳細設定」にある[アニメーションウィンドウ]をクリック

② 一番下の項目（グラフの最後の要素棒）をクリック

③ 右側の ▼ をクリック

④ [タイミング]を選択

⑤ [フェード]ダイアログボックスの「継続時間」ボックスで[3秒（遅く）]を選択

⑥ [OK]ボタンをクリック

⑦ 最後の要素棒だけがじわっと出現する動きになる

ほかの要素棒は[0.5秒（さらに速く）]が設定されている

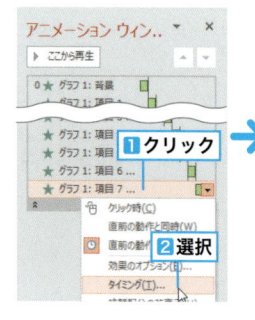

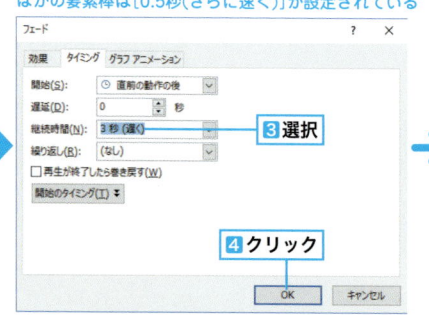

96 グリッド線とガイドを表示する

その他
画面表示

図形などの要素を配置するときは、**グリッド線**や**ガイド**を表示すると便利です。グリッドは等間隔で表示される縦横の点線、ガイドは最初に中央でクロス表示される縦と横の線です。

Part5 38 安定感のあるシンメトリーで作ろう！ ➡ 84ページ参照

① [表示]タブの「表示」にある[グリッド線]や[ガイド]のチェックをオン

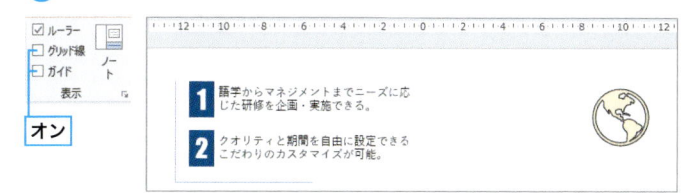

② それぞれの線が表示される

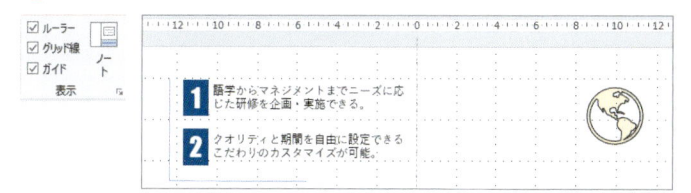

※グリッドやガイドは、スライドショーや印刷紙には表示されません。

※グリッド線の間隔は、自分の好みに応じて設定できます。標準では表示される点の数が多すぎる（細かすぎる）と感じたときは、初期値の「0.2cm」を「1cm」や「2cm」に変更して間隔を広げるといいでしょう。

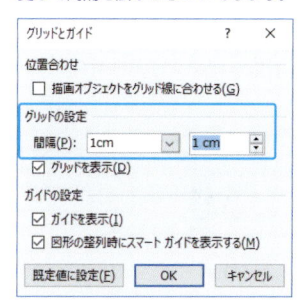

97 背景に模様や色を入れる

その他
背景の作成

用意されているテクスチャやグラデーションを**背景**に使うと、手触りや香り、味を想起させて雰囲気を高めることができます。入手が面倒な写真に比べ、手軽にイメージ作りができます。

① [デザイン]タブの「ユーザー設定」にある[背景の書式設定]をクリック

② [背景の書式設定]ウィンドウの「塗りつぶし」にある[塗りつぶし（図またはテクスチャ）]をオン

③ 「テクスチャ」の ▾ をクリック

※濃いテクスチャやグラデーションを使ったときは、文字の背面に「透明度：40%」程度の白で塗りつぶした図形を置くと、読みやすくなります。

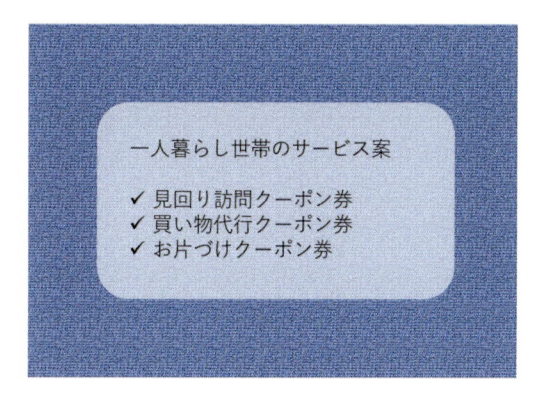

98 Webページをキャプチャーする

Part6 55 画面をキャプチャーして説得力を高めよう！ ➡ 120ページ参照

その他
スクリーン
ショット

スクリーンショットは、Webページやソフトのウィンドウをキャプチャーしてスライドに挿入する機能です。商品やWebサイトを見せて、事実情報を紹介するときに役立ちます。

1 あらかじめWebサイトやソフトのウィンドウを表示しておく

2 [挿入] タブの「画像」にある [スクリーンショット] をクリック

3 一覧から目的のウィンドウを選択

4 確認メッセージが表示される

5 [はい] ボタンをクリック

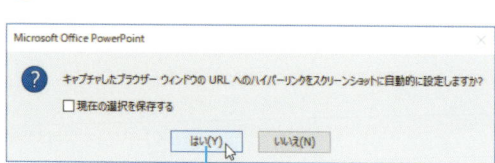

6 画像で貼り付けられる

7 サイズや位置を調整して仕上げる

※ウィンドウの一部をキャプチャーする場合は、操作②で [画面の領域] をクリックします。対象となるウィンドウに切り替わったら（画面が白く薄い膜が張った状態になるので）、取り込む範囲を矩形にドラッグし、ドラッグ終了と同時に画像で貼り付けられます。

99 ハイパーリンクを設定する

その他
ハイパーリンク

文字や図形に**ハイパーリンク**を設定することができます。Webサイトにアクセスする、ほかのページや別のプレゼンテーションを開くといった、能動的なプレゼンが行えるようになります。

1 ハイパーリンクを設定する文字や図形などを選択

2 [挿入] タブの「リンク」にある [リンク] をクリックして、[リンクを挿入] を選択、または [ハイパーリンク] をクリック

3 [ハイパーリンクの挿入] ダイアログボックスの「リンク先」で [ファイル、Webページ] をクリック

4 「アドレス」ボックスにURLを入力

5 [OK] ボタンをクリックすると、ハイパーリンクが設定されているのが確認できる

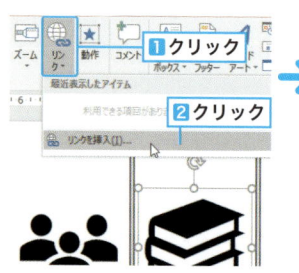

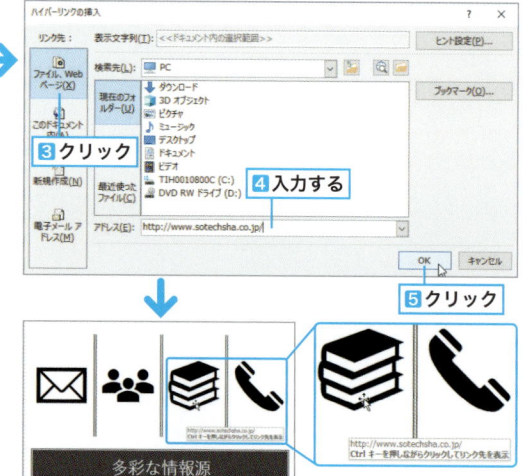

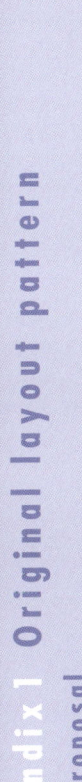

左インデックス
（単一番号）

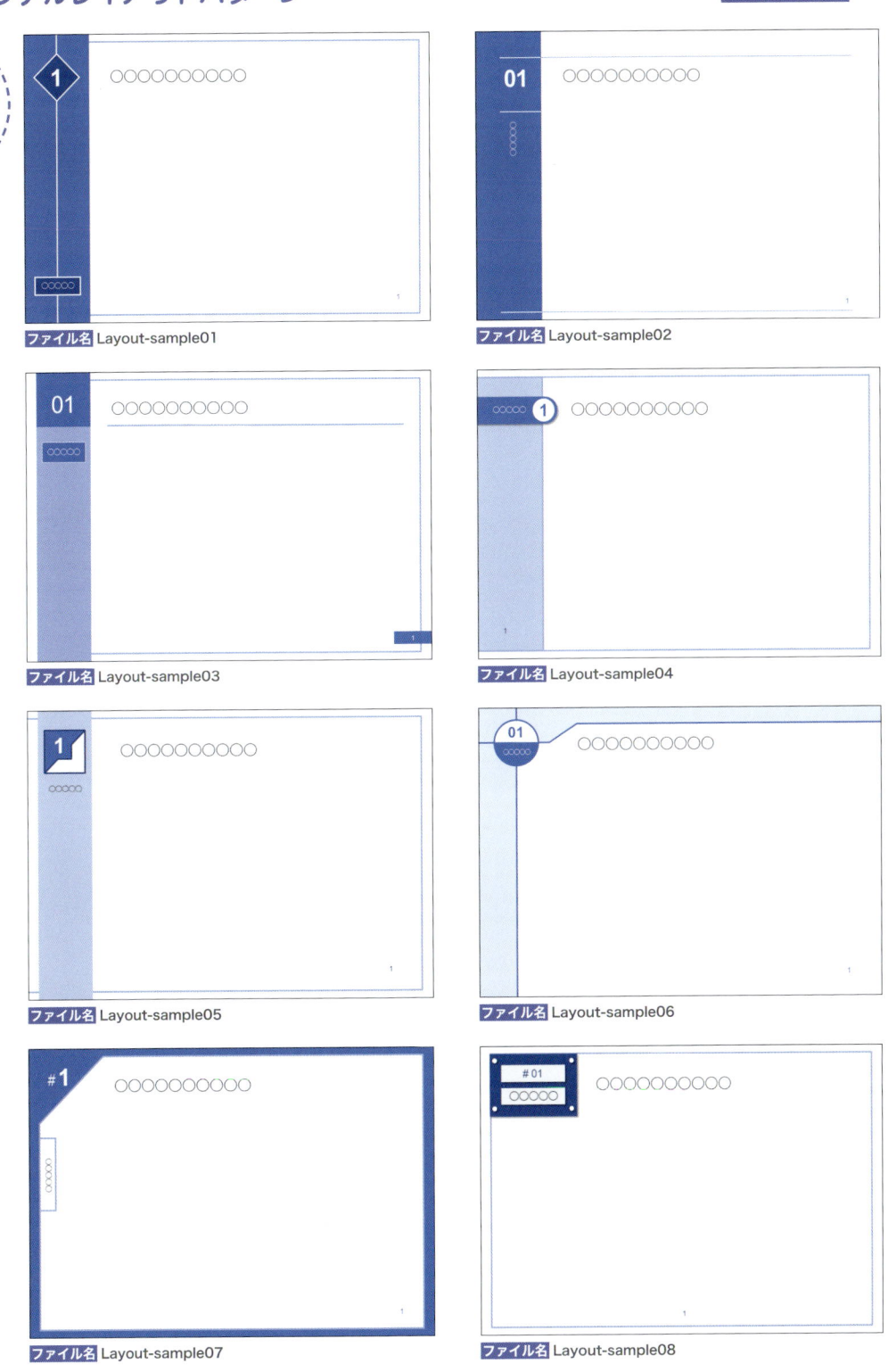

ファイル名 Layout-sample01

ファイル名 Layout-sample02

ファイル名 Layout-sample03

ファイル名 Layout-sample04

ファイル名 Layout-sample05

ファイル名 Layout-sample06

ファイル名 Layout-sample07

ファイル名 Layout-sample08

上インデックス

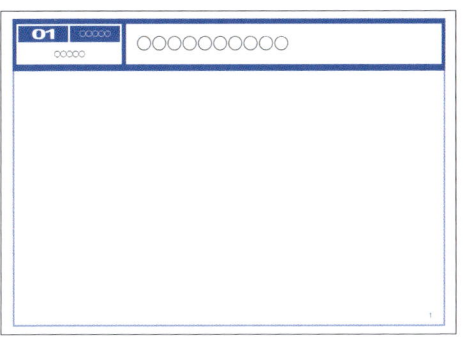

ファイル名 Layout-sample17

ファイル名 Layout-sample18

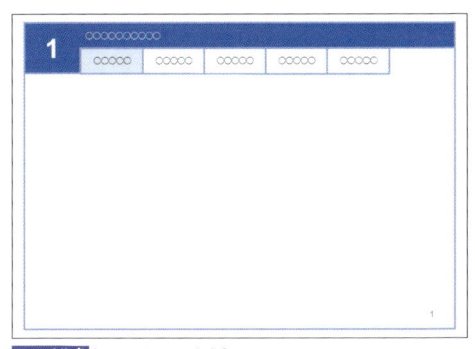

ファイル名 Layout-sample19

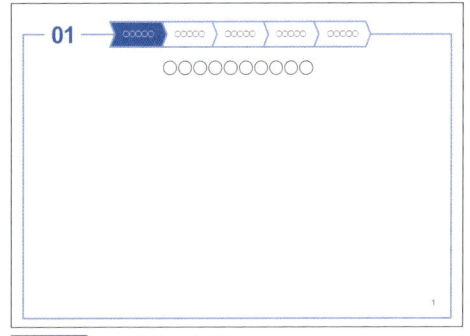

ファイル名 Layout-sample20

ファイル名 Layout-sample21

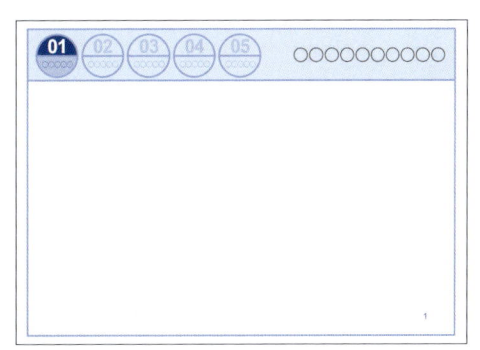

ファイル名 Layout-sample22

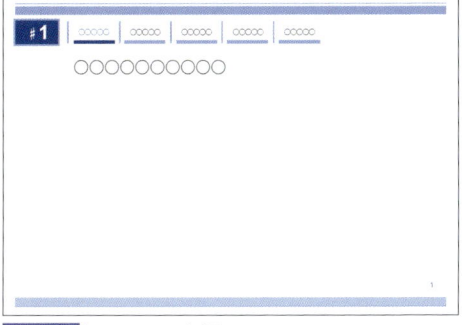

ファイル名 Layout-sample23

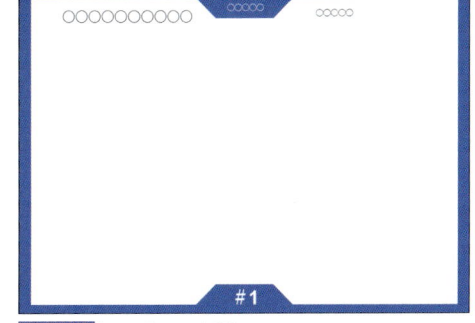

ファイル名 Layout-sample24

Original layout pattern
1 sheet proposal

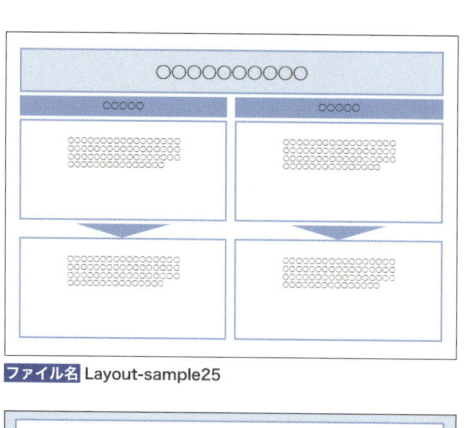

ファイル名 Layout-sample25

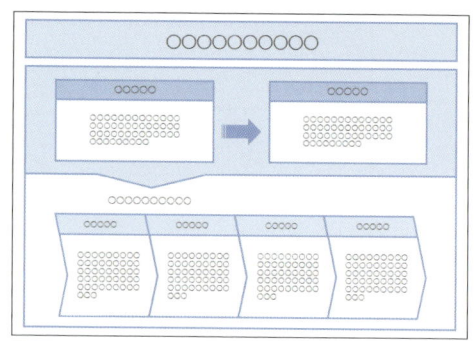

ファイル名 Layout-sample26

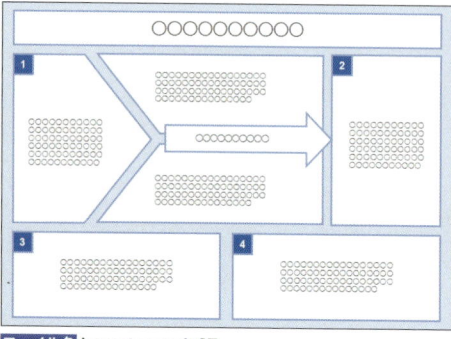

ファイル名 Layout-sample27

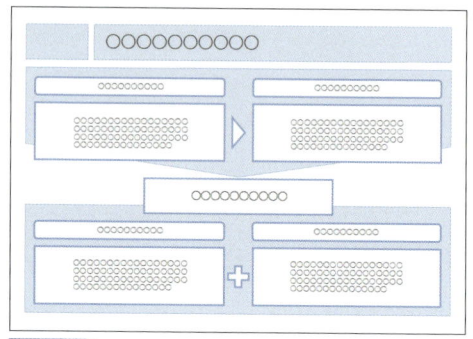

ファイル名 Layout-sample28

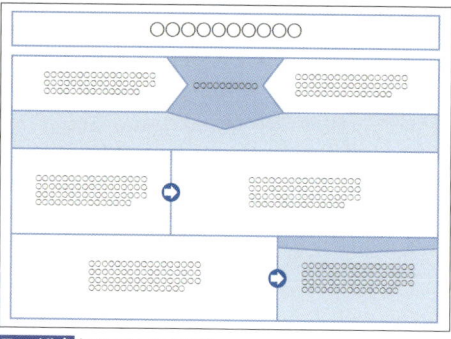

ファイル名 Layout-sample29

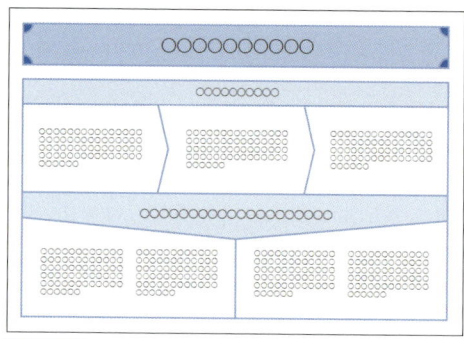

ファイル名 Layout-sample30

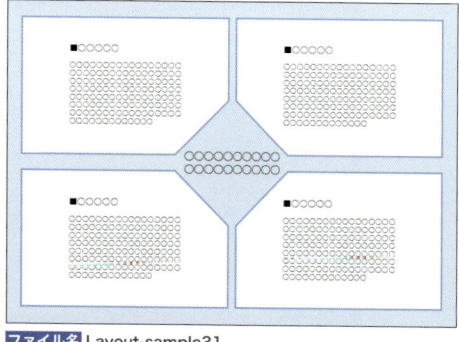

ファイル名 Layout-sample31

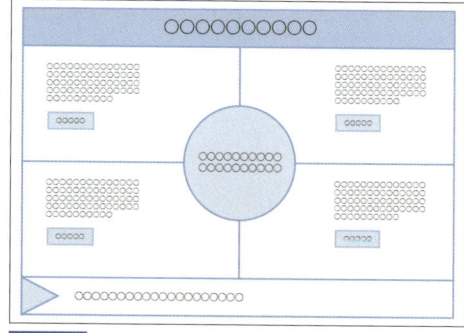

ファイル名 Layout-sample32

グラフ入り

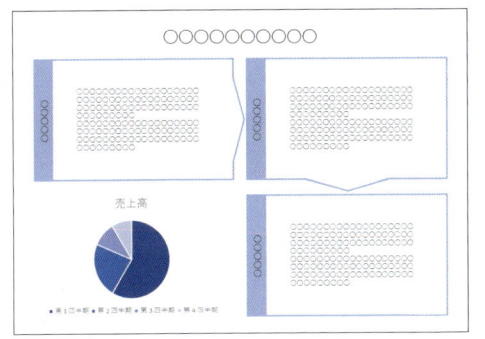

ファイル名 Layout-sample33

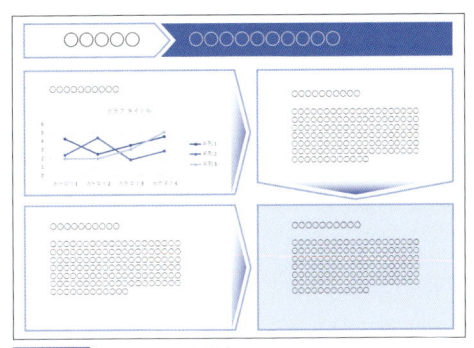

ファイル名 Layout-sample34

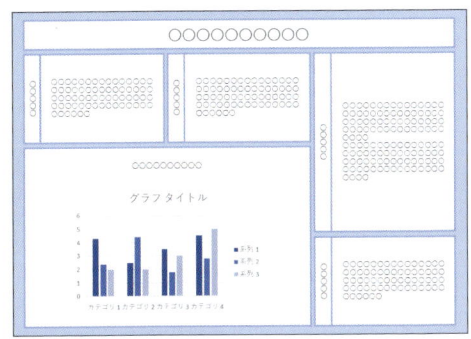

ファイル名 Layout-sample35

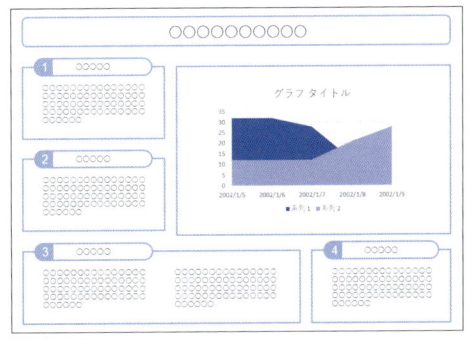

ファイル名 Layout-sample36

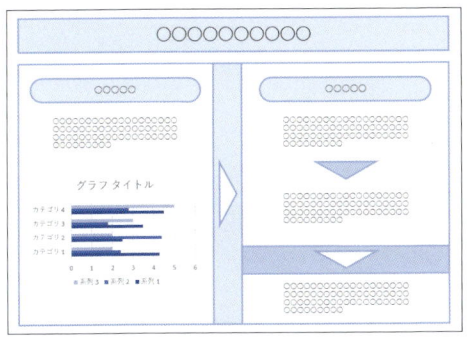

ファイル名 Layout-sample37

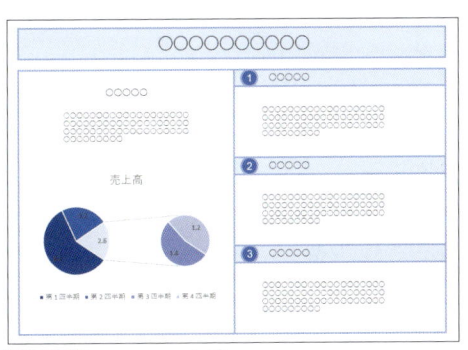

ファイル名 Layout-sample38

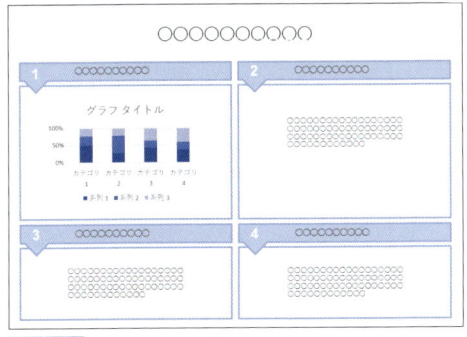

ファイル名 Layout-sample39

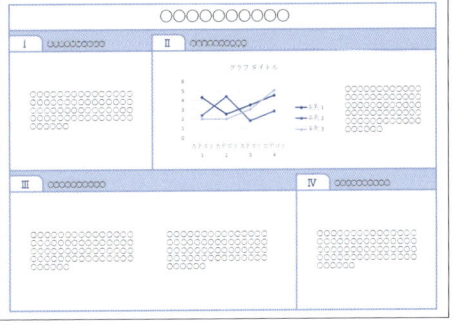

ファイル名 Layout-sample40

SmartArt入り

ファイル名 Layout-sample41

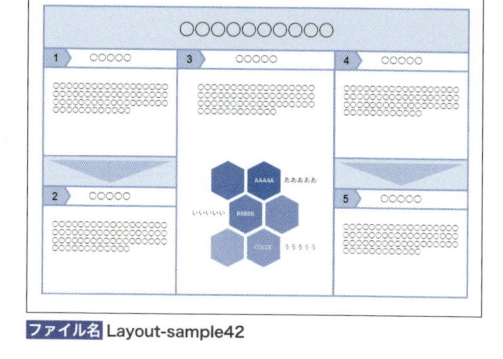

ファイル名 Layout-sample42

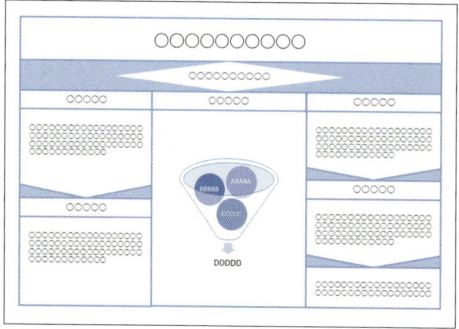

ファイル名 Layout-sample43

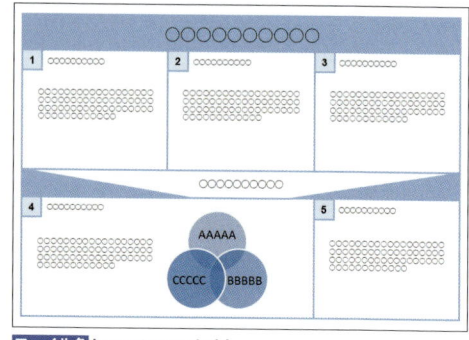

ファイル名 Layout-sample44

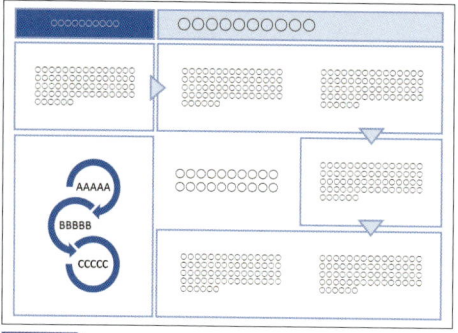

ファイル名 Layout-sample45

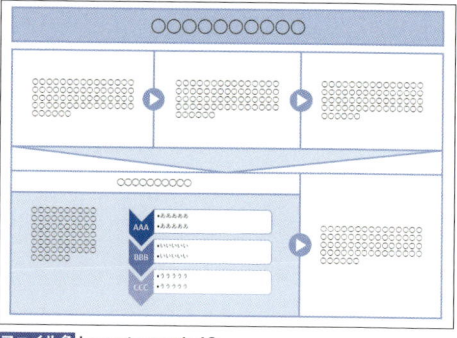

ファイル名 Layout-sample46

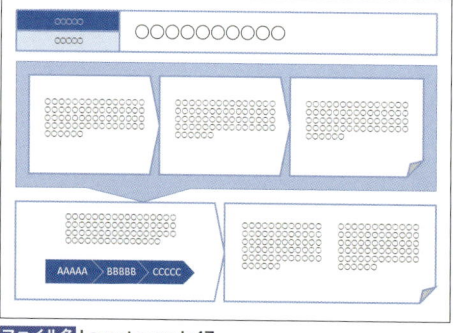

ファイル名 Layout-sample47

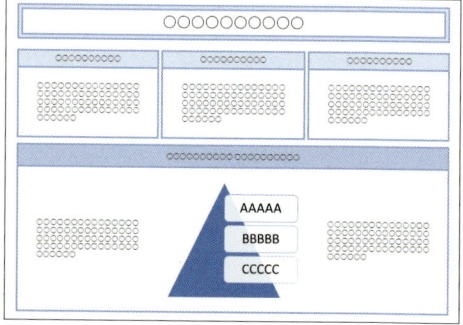

ファイル名 Layout-sample48

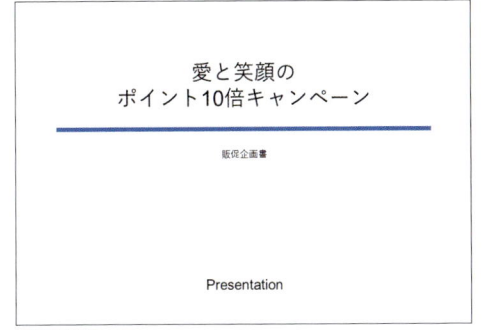

ファイル名 Cover-sample01

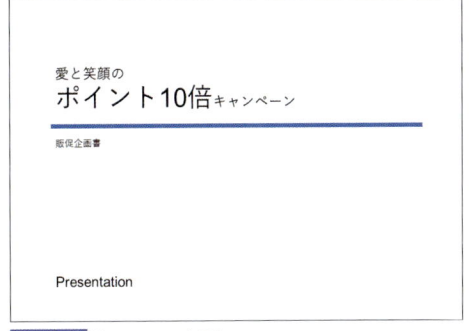

ファイル名 Cover-sample02

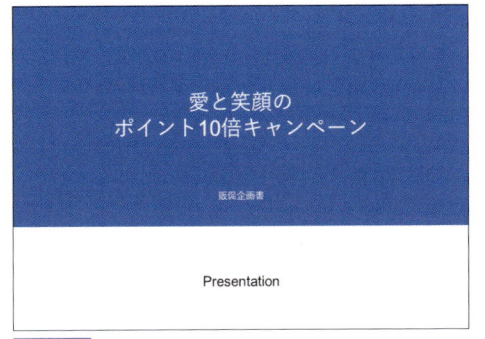

ファイル名 Cover-sample03

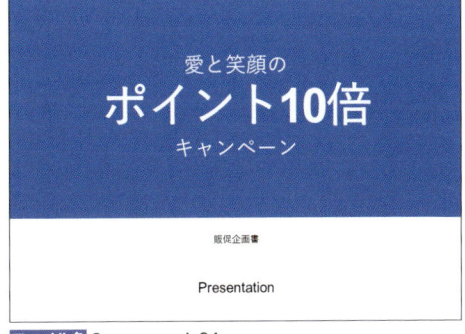

ファイル名 Cover-sample04

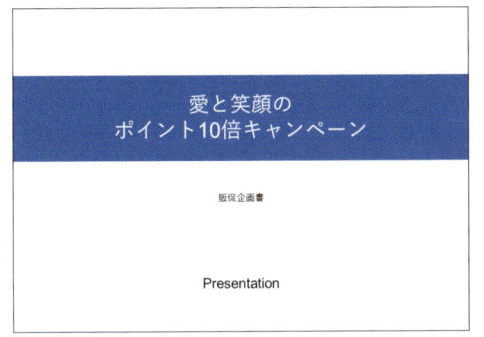

ファイル名 Cover-sample05

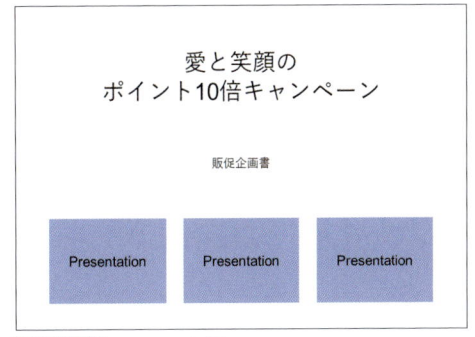

ファイル名 Cover-sample06

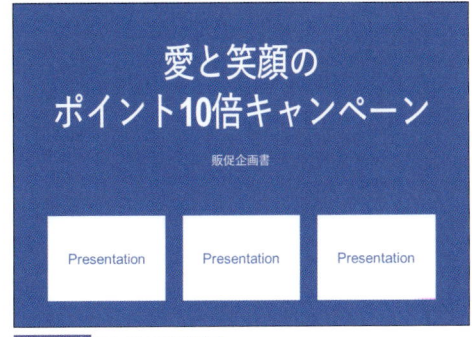

ファイル名 Cover-sample07

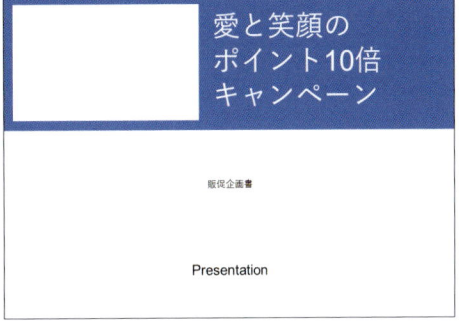

ファイル名 Cover-sample08

Appendix2 Basic cover design

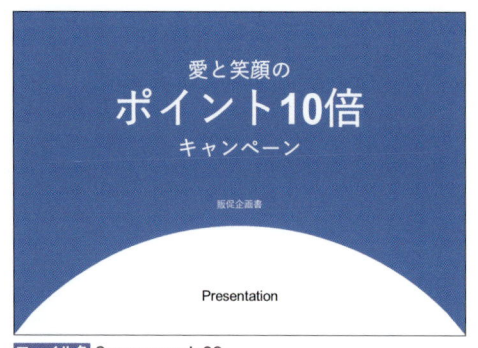

ファイル名 Cover-sample09

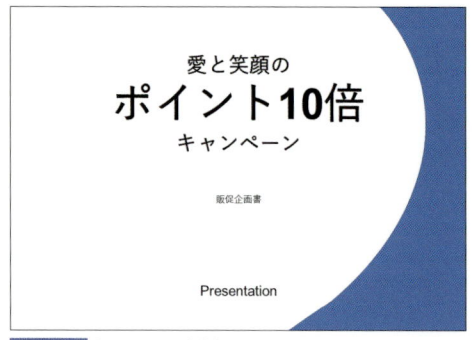

ファイル名 Cover-sample10

ファイル名 Cover-sample11

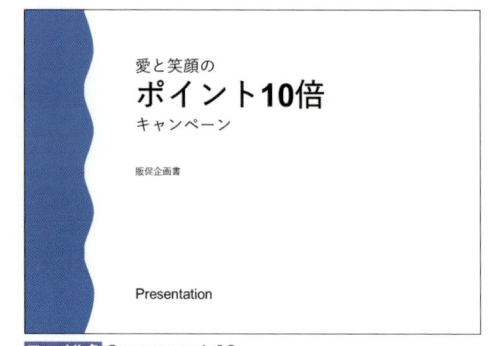

ファイル名 Cover-sample12

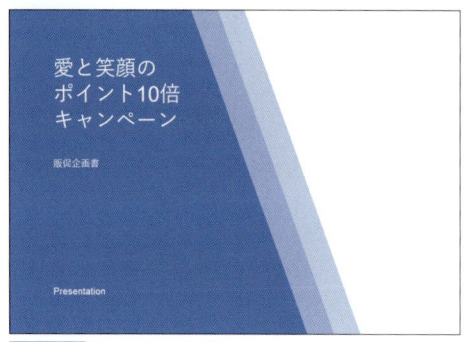

ファイル名 Cover-sample13

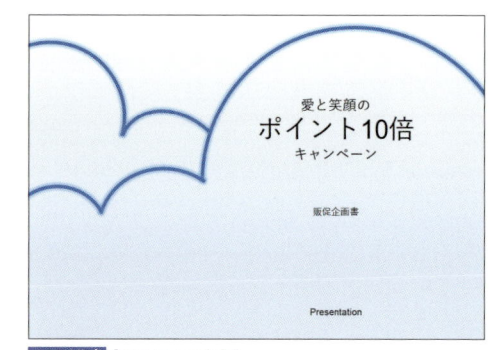

ファイル名 Cover-sample14

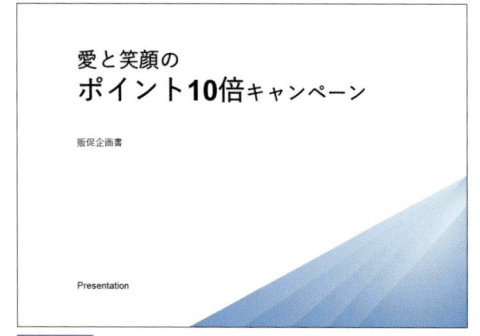

ファイル名 Cover-sample15

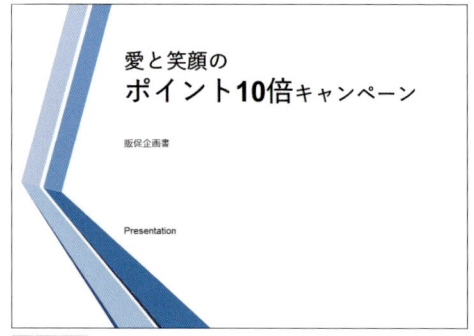

ファイル名 Cover-sample16

▼e-Stat
政府系統計データのポータルサイト

https://www.e-stat.go.jp/

▼マクロミル
インターネットを使ったリサーチ会社

https://www.macromill.com/

▼帝国データバンク
景気・経済・企業の動向記事を提供

http://www.tdb.co.jp/index.html

▼R&D
R&Dで実施した調査レポートを提供

https://www.rad.co.jp/

▼おすすめのPowerPointのテンプレートとテーマ
マイクロソフト社が提供するテンプレートサイト

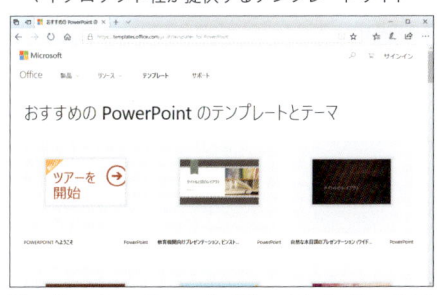

https://templates.office.com/ja-JP/templates-for-PowerPoint

▼パワーポイントテンプレート
凝ったデザインのテンプレートを提供するサイト

http://www.pptemplate.net/

▼BB-WAVE
プロが書いた実際の企画書を紹介

https://bb-wave.biglobe.ne.jp/pre/kikakusyo/

▼ぱくたそ
高品質で豊富な写真を揃えたフリー素材サイト

https://www.pakutaso.com/

157

本書の使い方／サンプルファイルについて

　本書で紹介しているファイルは、本書のサポートページからダウンロードできます。PowerPointを実際に操作することで本書の内容がより理解でき、効率的にテクニックをマスターできます。

　詳細につきましては、ソーテック社のホームページから本書のサポートページをご覧ください。

■本書のサポートページ

http://www.sotechsha.co.jp/sp/1201/

■パスワード

kikakuPP18

※半角英数字。大文字／小文字は正確に入力してください。

- ●本書に記載されている解説およびサンプルファイルを使用した結果について、筆者および株式会社ソーテック社は一切の責任を負いません。個人の責任の範囲内にてご使用ください。また、本書の制作にあたり、正確な記述に努めていますが、内容に誤りや不正確な記述がある場合も、当社は一切責任を負いません。

- ●本書に記載されている解説およびサンプルファイルの内容は、PowerPointの機能とデータ操作の解説を目的として作られたものです。文章やデータの内容は架空のものであり、特定の企業や人物、商品やサービスを想起させるものではありません。

- ●本書は、PowerPointの基本的な操作について一通りマスターされている方を対象にしています。アプリの具体的な操作方法については詳細に解説していないので、初心者の方は、本書の前に他の入門書を読まれることをお勧めします。

- ●サンプルファイルは、PowerPoint 2016および2013で利用できます。スライドサイズはA4用紙の印刷サイズ（幅：29.7cm、高さ：21cm）です。なお、権利関係上、ご提供できないファイルや写真、動画やフォントがあります。あらかじめ、ご了承ください 。

サンプルファイルに収録の写真について

　サンプルファイルに収録の写真は、「写真素材ぱくたそ」(https://pakutaso.com) の写真素材を利用しています。写真素材のファイルは、本書の学習用途以外には使用しないでください。

　これらの写真を継続して利用する場合は、「写真素材ぱくたそ」の公式サイトからご自身でダウンロードしていただくか、ご利用規約(http://www.pakutaso.com/userpolicy.html) に同意していただく必要があります。同意しない場合は写真ファイルのご利用はできませんので、ご注意ください。

　「フリー写真素材サイトぱくたそ」もしくは「ぱくたそ」は、高品質・高解像度の写真素材を無料（フリー）で配布しているストックフォトサービスです。

INDEX

■ 著者紹介

渡辺克之（わたなべかつゆき）

テクニカルライター。システム開発、広告代理店、出版社での業務経験の後、1996年フリーに転身。以後、出版物の企画と執筆、販促立案と制作を主な業務として活動。Office アプリとOS、VBA を実務に活かす視点から解説した書籍を多数執筆。
ソーテック社の「テンプレートで時間短縮！」と「伝わる」シリーズは、バリエーションある実例を盛り込んだ図解書として好評を得ている。

【著者のシリーズ書籍】
テンプレートで時間短縮！ パワポで簡単 A4×1枚 企画書デザイン
テンプレートで時間短縮！ パワポ＆エクセルで簡単 A4×1枚 企画書デザイン
テンプレートで時間短縮！ パワポ＆エクセルで簡単 カタログ・チラシ・資料デザイン
テンプレートで時間短縮！ パワポで簡単 企画書＆プレゼンデザイン
テンプレートで時間短縮！ パワポ＆ワードで簡単 企画書デザイン
「伝わる資料」デザイン・テクニック
「伝わるデザイン」PowerPoint 資料作成術
「伝わるデザイン」Excel 資料作成術
（すべて、ソーテック社）

●**写真協力**
フリー写真素材ぱくたそ

「伝わる資料」PowerPoint（パワーポイント）企画書デザイン

2018年4月20日　初版　第1刷発行
2019年4月30日　初版　第2刷発行

著者	渡辺克之
装丁	植竹裕
発行人	柳澤淳一
編集人	久保田賢二
発行所	株式会社　ソーテック社
	〒102-0072　東京都千代田区飯田橋4-9-5　スギタビル4F
	電話（注文専用）03-3262-5320　FAX 03-3262-5326
印刷所	大日本印刷株式会社

©2018 Katsuyuki Watanabe
Printed in Japan
ISBN978-4-8007-1201-1

本書のご感想・ご意見・ご指摘は
http://www.sotechsha.co.jp/dokusha/
にて受け付けております。Web サイトでは質問は一切受け付けておりません。